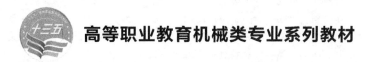

高等职业教育机械类专业系列教材

CAXA 制造工程师
技术与应用

主　编　陈子银

副主编　谢　峰　黄美英　赵　路

参　编　宋宜振　张　星　张南洋　阚士元

　　　　刘延静　张旺旺　冯存欣

U0256002

机械工业出版社

本书围绕高速、高效、精密制造的数控技术发展方向，以典型任务的造型与加工为主线，挑选 23 个源于生产与技能大赛的机械零件为任务，按照任务描述、任务分析、任务实施、拓展训练的顺序，描述了完整的工作过程。全书共分 5 个项目，包含 23 个典型任务，主要内容有：初识 CAD/CAM 软件——CAXA 制造工程师 2015、二维图形及三维线架的绘制、曲面造型、实体特征造型及零件加工。

本书内容丰富，结构清晰，语言简洁易懂，图文并茂，具有很强的实用性和可操作性，既可以作为高职院校五年制、中职学校、各类培训学校的教材，也可以作为工程设计人员、数控编程人员及自学者的参考书。

为便于教学，本书配有相关教学资源，选择本书作为教材的教师可登录 www.cmpedu.com 网站，注册、免费下载。

图书在版编目（CIP）数据

CAXA 制造工程师技术与应用/陈子银主编. —北京：机械工业出版社，2018.6（2025.1 重印）

高等职业教育机械类专业系列教材

ISBN 978-7-111-59881-7

Ⅰ.①C… Ⅱ.①陈… Ⅲ.①数控机床-计算机辅助设计-应用软件-高等职业教育-教材 Ⅳ.①TG659

中国版本图书馆 CIP 数据核字（2018）第 092735 号

机械工业出版社（北京市百万庄大街 22 号　邮政编码 100037）
策划编辑：汪光灿　责任编辑：黎　艳　责任校对：张晓蓉
封面设计：张　静　责任印制：单爱军
北京虎彩文化传播有限公司印刷
2025 年 1 月第 1 版第 7 次印刷
184mm×260mm·11.25 印张·270 千字
标准书号：ISBN 978-7-111-59881-7
定价：39.00 元

电话服务　　　　　　　　　　　网络服务
客服电话：010-88361066　　　机 工 官 网：www.cmpbook.com
　　　　　010-88379833　　　机 工 官 博：weibo.com/cmp1952
　　　　　010-68326294　　　金 书 网：www.golden-book.com
封底无防伪标均为盗版　　机工教育服务网：www.cmpedu.com

前　言

　　本书是江苏省高职品牌专业建设——数控技术专业重点建设的配套教材，属于高职院校机械制造类专业开设的"机械 CAD/CAM"实践课程。本书通过典型案例的学习与训练，使学生全面掌握 CAD/CAM 软件的实际应用。

　　本书围绕高速、高效、精密制造的数控技术发展方向，以典型任务的造型与加工为主线，挑选 23 个源于生产与技能大赛的机械零件为任务，按照任务描述、任务分析、任务实施、拓展训练的顺序，描述了完整的工作过程。为拓展学生知识面，每项任务都融入基本知识部分，技能点涵盖国家职业技能鉴定标准。同时，围绕全国职业技能大赛，精选大赛赛题，让技能大赛成果惠及更多的学生，以培养学生综合应用所学知识和技能解决生产实际问题的能力和创新能力。本书突出中高职衔接要求，适应新形势下现代职业教育的发展需要。本书选用国产软件 CAXA 制造工程师 2015，因其易学、易懂、易装机而成为较多工程技术人员喜欢使用且应用广泛的 CAD/CAM 专业软件之一。

　　以下是本书各项目学时分配建议：

序号	内　容		建议学时
1	项目 1　初识 CAD/CAM 软件——CAXA 制造工程师 2015		2 学时
2	项目 2　二维图形及三维线架的绘制	任务 2.1　箭头图形的绘制	2 学时
		任务 2.2　连杆图形的绘制	2 学时
		任务 2.3　扳手图形的绘制	2 学时
		任务 2.4　凸台三维线架的绘制	4 学时
		任务 2.5　凹槽三维线架的绘制	4 学时
3	项目 3　曲面造型	任务 3.1　五角星的曲面造型	4 学时
		任务 3.2　帐篷外形的曲面造型	4 学时
		任务 3.3　集粉筒的曲面造型	4 学时
		任务 3.4　浇水壶的曲面造型	4 学时
4	项目 4　实体特征造型	任务 4.1　耳形轮廓的实体造型	4 学时
		任务 4.2　轴承支座的实体造型	4 学时
		任务 4.3　螺杆的实体造型	4 学时
		任务 4.4　叶轮的实体造型	4 学时
		任务 4.5　香水瓶的实体造型	4 学时

（续）

序号	内　　容		建议学时
5	项目 5　自动编程与仿真加工	任务 5.1　粗加工方法介绍	2 学时
		任务 5.2　常用精加工方法介绍	2 学时
		任务 5.3　四轴加工方法介绍	2 学时
		任务 5.4　五轴加工方法介绍	2 学时
		任务 5.5　外轮廓的加工	2 学时
		任务 5.6　内轮廓的加工	2 学时
		任务 5.7　曲面的加工	4 学时
		任务 5.8　螺旋槽的四轴加工	4 学时
		任务 5.9　螺旋叶片的四轴加工	4 学时

　　数控技术专业总学时建议 76 学时，采用分组教学，课程在机房开展并采用一体化教学模式。其他专业总学时建议为 48~60 学时。

　　本书由江苏安全技术职业学院陈子银任主编，谢峰、黄美英、赵路任副主编，宋宜振、张星、张南洋、阚士元、刘延静、张旺旺、冯存欣参加了本书的编写。具体分工为：陈子银编写项目 1、项目 3 中的任务 3.2 和任务 3.4、项目 5 中的任务 5.3~5.9；谢峰编写项目 4 中的任务 4.2~4.4；黄美英编写项目 2 中的任务 2.2~2.4；赵路编写项目 4 中的任务 4.5；刘延静编写项目 2 中的任务 2.1；张旺旺编写项目 2 中的任务 2.5；冯存欣编写项目 3 中的任务 3.1；张星编写项目 3 中的任务 3.3；宋宜振编写项目 4 中的任务 4.1；阚士元编写项目 5 中的任务 5.1；张南洋编写项目 5 中的任务 5.2。陈子银负责全书的统稿工作，谢峰负责全书的校对工作。参与本书编写的老师均长期从事 CAD/CAM 技术的学习、研究、教学工作并参加过生产加工实践。

　　本书在编写过程中参考了相关作者编写的教材及大量的参考文献，也得到了有关院校领导、企业专家和同行的大力支持，在此一并表示衷心的感谢！

　　由于编者水平有限，书中错误之处在所难免，敬请读者批评指正。

编　者

目　录

项目1

初识CAD/CAM软件——CAXA
制造工程师2015

【学习目标】

1. 了解 CAXA 制造工程师 2015 软件的特点、功能和使用界面。
2. 掌握 CAXA 制造工程师 2015 软件的文件管理、工具和常用快捷键。

【知识储备】

1.1　CAXA 制造工程师 2015 简介

　　CAXA 制造工程师 2015 是北京数码大方科技有限公司开发的一款拥有自主知识产权和全中文界面的计算机辅助设计与制造软件。该软件是在 Windows 环境下运行的 CAD/CAM 一体化数控加工编程软件，集成了数据接口、几何造型、生成加工轨迹、加工过程仿真检验、生成数控加工代码、生成加工工艺单等一整套面向复杂零件和模具的数控编程功能，是我国应用广泛、具有代表性的 CAD/CAM 软件之一。

1.1.1　CAXA 制造工程师 2015 软件的特点和功能

1. 造型方便

　　实体模型的生成可以用增料方式，通过拉伸、旋转、导动、放样或加厚曲面来实现；也可以通过减料方式，从实体中减掉实体或用曲面裁剪来实现；还可以用等半径过渡、变半径过渡、倒角、打孔、增加拔模斜度和抽壳等高级特征功能来实现；也可以通过列表数据、数学模型、字体文件及各种测量数据生成样条曲线，通过扫描、放样、拉伸、导动、等距、边界网格等多种形式生成复杂曲面；并可对曲面进行任意裁剪、过渡、拉伸、缝合、拼接、相交、变形等，建立任意复杂的零件模型。图 1-1 所示为由 CAXA 制造工程师软件生成的望远镜模型。

2. 优质高效的数控加工

　　CAXA 制造工程师将 CAD 模型与 CAM 技术无缝集成，可直接对曲面、实体模型进行一致的加工操作，支持先进实用的轨迹参数化和批处理功能，明显提高工作效率；支持高速切

图 1-1　生成的望远镜模型

削，大幅度提高加工效率和加工质量；通用的后置处理可向任何数控系统输出加工代码。

（1）两轴到三轴的数控加工功能

1）两轴到两轴半加工方式：可直接利用零件的轮廓曲线生成加工轨迹指令，无须建立其三维模型；提供轮廓加工和区域加工功能，加工区域内允许有任意形状和数量的岛。可分别指定加工轮廓和岛的拔模斜度，自动进行分层加工。

2）三轴加工方式：多样化的加工方式可以安排从粗加工、半精加工到精加工的加工工艺路线。

（2）高速加工　CAXA制造工程师支持高速加工及高速切削工艺，提高产品精度，降低代码数量，使加工质量和效率大大提高。

（3）参数化轨迹编辑和轨迹批处理　CAXA制造工程师的"轨迹再生成"功能可实现参数化轨迹编辑。用户只需选中已有的数控加工轨迹，修改原定义的加工参数表，即可重新生成加工轨迹。

CAXA制造工程师可以先定义加工轨迹参数，而不立即生成轨迹。工艺设计人员可先将大批加工轨迹参数事先定义，而在某一集中时间批量生成，这样合理地优化了工作时间。

（4）控制加工工艺　CAXA制造工程师提供了丰富的工艺控制参数，可以方便地控制加工过程，使编程人员的经验得到充分地体现。

（5）加工轨迹仿真　CAXA制造工程师提供了轨迹仿真手段以检验数控代码的正确性，通过仿真模拟加工过程，展示加工零件的任意截面，显示加工轨迹。

（6）通用的后置处理　CAXA制造工程师提供的后置处理器，无需生成中间文件就可直接输出G代码控制指令。系统不仅可以提供常见数控系统的后置格式，用户还可以定义专用数控系统的后置处理格式。

3. 知识库加工功能

CAXA制造工程师专门提供了知识库加工功能，针对复杂曲面的加工，为用户提供一种零件整体加工思路，用户只需观察出零件整体模型是平坦或者陡峭，然后运用工程师的加工经验就可以快速地完成加工过程。工程师的编程和加工经验是靠知识库的参数设置来实现的，知识库参数应由编程和加工经验丰富的工程师设置好后存为一个文件，文件名根据自己的习惯任意设置。有了知识库加工功能，编程人员工作起来更轻松，新的编程人员直接利用已有的加工工艺和加工参数能很快地学会编程，先进行加工，再进一步深入学习其他的加工功能。

4. Windows 界面操作

CAXA制造工程师基于微机平台，采用原创Windows菜单和交互模式，全中文界面，学习和操作轻松流畅。全面支持英文、简体和繁体中文Windows环境，支持图标菜单、工具栏、快捷键的用户定制，可自由创建符合自己习惯的操作环境。

5. 丰富的数据接口

CAXA制造工程师是一个开放的设计/加工工具，提供了丰富的数据接口，包括直接读取市场上流行的三维CAD软件数据，如CATIA、Pro/E NGINEER；基于曲面的DXF和IGES标准图形接口；基于实体的STEP标准数据接口；Parasolid几何核心的X-T、X-B格式文件；ACIS几何核心的SAT格式文件；面向快速成型设备的STL数据以及面向INTERNET和虚拟现实的VRML数据等接口。这些接口保证了与世界流行的CAD软件进行双向数据交换，使企业可以跨平台、跨地域地与合作伙伴实现虚拟产品开发和生产。

1.1.2　启动 CAXA 制造工程师

1. 系统需求

CAXA制造工程师以PC为硬件平台。最低要求：英特尔"酷睿"双核处理器2.0GHz，2GB内存；10G硬盘。推荐配置：英特尔"酷睿"I5处理器2.8GHz，3G以上内存；20G以上硬盘；支持OpenGL硬件加速，可运行于WINXP、WIN2003、WIN7、WIN10系统平台之上。

2. 系统运行

有两种方法可以运行CAXA制造工程师：

1）正常安装完成时，在Windows桌面会出现"CAXA制造工程师"的图标，双击"CAXA制造工程师"图标就可以进入软件。

2）单击Windows桌面左下角的"开始"→"程序"→"CAXA制造工程师"进入软件。

注意：显示"欢迎"对话框后，屏幕上将出现最初的CAXA制造工程师设计环境及图1-2所示"欢迎"对话框。选择"创建一个新的制造文件"，然后确定，CAXA制造工程师显示出一个空白的制造环境。至此，做好了加工的准备工作。

如果CAXA制造工程师制造环境已经运行，单击"新建"按钮，在弹出的对话框中选择"制造"，如图1-3所示，然后弹出模板对话框，选择"确定"，CAXA制造工程师显示出一个空白的制造环境。至此，做好了加工的准备工作。

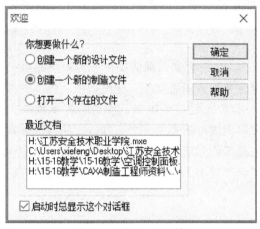

图1-2 "欢迎"对话框

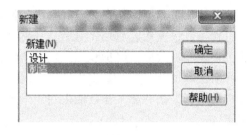

图1-3 "新建"对话框

1.2 CAXA 制造工程师 2015 基础知识

1.2.1 界面介绍

CAXA 制造工程师 2015 的操作界面如图 1-4 所示，和其他 Windows 风格的软件一样，各种应用功能通过菜单和工具栏驱动；状态栏指导用户进行操作并提示当前状态和所处位置；特征/轨迹树记录了历史操作和相互关系；绘图区显示各种功能操作的结果；同时，绘图区和特征/轨迹树为用户提供了数据的交互功能。

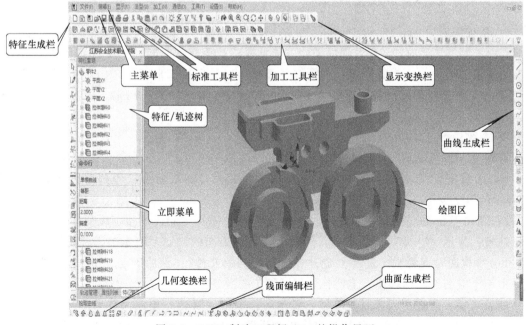

图1-4 CAXA 制造工程师 2015 的操作界面

1. 绘图区

绘图区是用户进行绘图设计的工作区域，它位于屏幕的中心，并占据了屏幕的大部分面积。广阔的绘图区为显示全图提供了清晰的空间。在绘图区的中央设置了一个三维直角坐标系，该坐标系称为世界坐标系，它的坐标原点为（0.0000，0.0000，0.0000）。用户在操作过程中的所有坐标均以此坐标系的原点为基准。

2. 主菜单

主菜单是界面最上方的菜单条，单击菜单条中任意一个菜单项，都会弹出一个下拉菜单，指向某一个菜单会弹出其子菜单，如图1-5所示。主菜单包括"文件""编辑""显示""造型""加工""通信""工具""设置"和"帮助"。每个部分都含有若干下拉菜单。单击主菜单中的"造型"及下拉菜单中的"曲线生成"，然后单击其子菜单中的"等距线"，界面左侧会弹出一个立即菜单，并在状态栏显示相应的操作提示和执行命令状态。

3. 立即菜单

立即菜单描述了该项命令执行的各种情况和使用条件。用户根据当前的作图要求，正确地选择某一选项，即可得到准确的响应。在图1-4中显示的是画等距线的立即菜单。

在立即菜单中，用鼠标选取其中的某一项（例如"等距"），便会在下方出现一个选项菜单或者改变该项的内容。

4. 对话框

某些菜单选项要求用户以对话的形式予以回答，单击这些菜单时，系统会弹出一个对话框，如图1-6所示，用户可根据当前操作做出响应。

图1-5 下拉菜单

图1-6 对话框

5. 工具栏

在工具栏中，可以通过单击相应的按钮进行操作。工具栏可以自定义，界面上的工具栏包括：标准工具栏、显示变换栏、特征生成栏、曲线生成栏、几何变换栏、线面编辑栏、曲面生成栏和加工工具栏。

（1）标准工具栏 标准工具栏包含了标准的"新建""新的设计环境""新的制造环境""打开文件""打印文件"等Windows按钮，也有CAXA制造工程师的"线面可见""层设置""拾取过滤设置""当前颜色""任务管理器"等图标，如图1-7所示。

图 1-7　标准工具栏

（2）显示变换栏　显示变换栏包含了"缩放""移动""视向定位"等选择显示方式的图标，如图 1-8 所示。

图 1-8　显示变换栏

（3）状态控制栏　状态控制栏包含了"终止当前命令"和"草图状态开关"图标，如图 1-9 所示。

（4）几何变换栏　几何变换栏包含了"平移""镜像""旋转""阵列"等几何变换工具图标，如图 1-10 所示。

图 1-9　状态控制栏

图 1-10　几何变换栏

（5）曲线生成栏　曲线生成栏包含了"直线""圆弧""公式曲线"等丰富的曲线绘制工具图标，如图 1-11 所示。

图 1-11　曲线生成栏

（6）线面编辑栏　线面编辑栏包含了曲线的"裁剪""过渡""拉伸"和曲面的"裁剪""过渡""缝合"等编辑工具图标，如图 1-12 所示。

图 1-12　线面编辑栏

（7）曲面生成栏　曲面生成栏包含了"直纹面""旋转面""扫描面""导动面""等距面""放样面"等曲面生成工具图标，如图 1-13 所示。

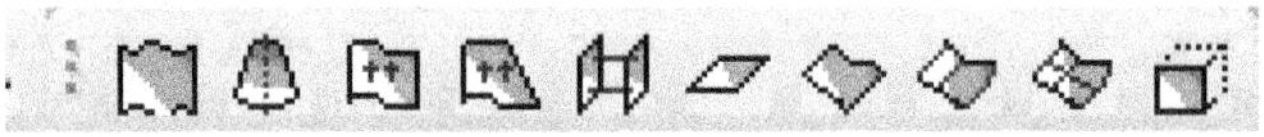

图 1-13　曲面生成栏

（8）特征生成栏　特征生成栏包含了"拉伸""导动""过渡""阵列"等丰富的特征造型工具图标，如图 1-14 所示。

图 1-14　特征生成栏

（9）加工工具栏 加工工具栏包含了"粗加工""精加工""补加工""四轴加工""五轴加工"等加工工具图标，如图1-15所示。

图 1-15 加工工具栏

6. 工具点菜单

工具点就是在操作过程中具有几何特征的点，如圆心点、切点、端点等。

工具点菜单就是用来捕捉工具点的菜单。用户进入操作命令，需要输入特征点时，只要按下空格键，即在屏幕上弹出下列工具点菜单，如图1-16所示。

7. 矢量工具

矢量工具主要是用来选择方向，在曲面生成时经常要用到，如图1-17所示。

图 1-16 工具点菜单

图 1-17 矢量工具

8. 常用功能键及快捷键

CAXA制造工程师的常用功能键及快捷键见表1-1。

本文中，单击：按一下鼠标左键。右击：按一下鼠标右键。双击：连续快按两下鼠标左键。

表 1-1 常用功能键及快捷键

常用键	功　　能
F1	打开系统帮助
F2	转换草图状态与非草图状态
F3	显示全部图形
F4	刷新当前屏幕
F5	显示 XOY 平面
F6	显示 YOZ 平面
F7	显示 XOZ 平面
F8	显示轴测图

（续）

常用键	功　　能
F9	在 XOY、YOZ、XOZ 三个平面之间切换作图平面
鼠标左键	激活菜单、确定点位置、拾取元素
鼠标右键	确认拾取、结束操作、终止命令
鼠标中键	中键滚轮滚动为缩放模型，按住中键滚轮移动鼠标为旋转模型

1.2.2　文件管理

CAXA 制造工程师为用户提供了功能齐全的文件管理系统，其中包括文件的建立与存储、文件的打开与并入等。用户使用这些功能可以灵活、方便地对原有文件或屏幕上的信息进行管理。有序的文件管理既方便了用户的使用，又提高了工作效率，它是软件不可缺少的重要组成部分。

文件管理功能通过主菜单中的"文件"下拉菜单来实现。选取该菜单项，系统弹出一个下拉菜单，如图 1-18 所示。选取相应的菜单项，即可实现对文件的管理操作。下面将按照下拉菜单列出的菜单内容，介绍各类文件管理操作方法。

1. 新建

如果要创建新的 ME 数据文件，单击"文件"下拉菜单中的"新建"命令或者直接单击 图标。

建立一个新文件后，用户就可以应用图形绘制、实体造型和轨迹生成等各项功能进行各种操作。但是，当前的所有操作结果都记录在内存中，只有在存盘以后，用户的成果才会被永久地保存下来。

2. 打开

打开一个已有的 CAXA 制造工程师软件存储的数据文件，并为非 CAXA 制造工程师软件的数据文件格式提供相应接口，使在其他软件上生成的文件也可以

图 1-18　"文件"下拉菜单

通过此接口转换成 CAXA 制造工程师软件的文件格式，并进行处理。

在 CAXA 制造工程师中可以读入 ME 数据文件 mxe，零件设计数据文件 epb，ME1.0、ME2.0 数据文件 csn，Parasolid 几何核心的 X_T 文件，Parasolid 几何核心的 X_B 文件，DXF 文件，IGES 文件和 DAT 数据文件。

1）单击"文件"下拉菜单中"打开"命令，或者直接单击 图标，弹出"打开文件"对话框，如图 1-19 所示。

2）如图 1-20 所示，选择相应的文件类型并选中要打开的文件名，然后单击"打开"按钮。

3. 保存

保存指将当前绘制的图形以文件形式存储到磁盘上。

1）单击"文件"下拉菜单中的"保存"命令，或者直接单击 ⊟ 图标，如果当前没有文件名，则系统弹出一个"存储文件"对话框，如图 1-21 所示。

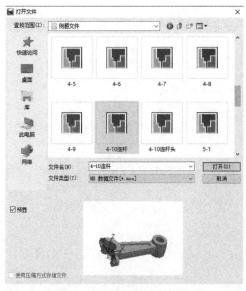

图 1-19　"打开文件"对话框

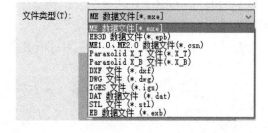

图 1-20　打开的文件类型

2）在该对话框的"文件名"文本框内输入一个文件名，单击"保存"按钮，系统即按所给文件名存盘。文件类型可以选用 ME 数据文件 mxe、EB3D 数据文件 epb、Parasolid 几何核心的 X_ T 文件、Parasolid 几何核心的 X_ B 文件、DXF 文件、IGES 文件、VRML 数据文

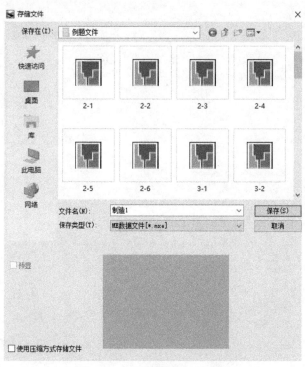

图 1-21　"存储文件"对话框

件、STL 数据文件和 EB97 数据文件。

3）如果当前文件名已经存在，则系统直接按当前文件名存盘。经常把结果保存起来是一个好习惯，这样可以避免因发生意外断电而导致成果丢失。

4．另存为

另存为指将当前绘制的图形另取一个文件名存储到磁盘上。

1）单击"文件"下拉菜单中的"另存为"命令，系统弹出一个"存储文件"对话框。

2）在对话框的"文件名"文本框内输入一个文件名，单击"保存"按钮，系统将文件另存为所给文件名。

注意："保存"和"另存为"中的 EB97 格式，只有线框显示下的实体轮廓能够输出。

5．并入文件

并入文件指并入一个实体或者线面数据文件（DAT、IGES、DXF 格式），与当前图形合并为一个图形。

注意：

1）采用"拾取定位的 X 轴"方式时，轴线为空间直线。

2）选择文件时要注意文件的类型，不能直接输入 *.mxe、*.epb 文件，应先将零件存成 *.X_T 文件，然后进行并入文件操作。

3）在并入文件时，基体尺寸应比输入的零件稍大。

项目2

二维图形及三维线架的绘制

【学习目标】

1. 掌握二维图形绘制的各种命令的使用方法。
2. 掌握三维线架绘制的各种命令的使用方法。
3. 能够熟练绘制二维平面图。
4. 能够熟练绘制三维线架模型。

【知识储备】

CAXA 制造工程师为曲线绘制提供了 16 项功能：直线、圆弧、圆、矩形、椭圆、样条、点、公式曲线、多边形、二次曲线、等距线、曲线投影、相关线、样条线、圆弧和文字，用户可以利用这些功能方便、快捷地绘制出各种各样复杂的图形。曲线绘制命令的功能及使用方法见表 2-1。

表 2-1　曲线绘制命令的功能及使用方法

命令	功能	图例	注意事项
直线	两点线：按给定两点画一条直线段，或按给定的连续条件画连续的直线段		非正交：可以画任意方向的直线，包括正交的直线 正交：是指所画直线与坐标轴平行 点方式：指定两点画出正交直线 长度方式：按指定长度和点画出正交直线
	平行线：按给定距离或通过给定的已知点绘制与已知线段平行且长度相等的平行线段		过点：指过一点做已知直线的平行线 距离：指按照固定的距离做已知直线的平行线 条数：可以同时做出多条平行线数目

（续）

命令	功能	图例	注意事项
直线	角等分线:按给定等分份数、给定长度画一条直线段将一个角等分		根据提示拾取绘图要素
	角度线:生成与坐标轴或某一条直线成一定夹角的直线		与 X 轴夹角:所做直线从起点与 X 轴正方向之间的夹角 与 Y 轴夹角:所做直线从起点与 Y 轴正方向之间的夹角 与直线夹角:所做直线从起点与已知直线之间的夹角
	水平/铅垂线:生成平行或垂直于当前平面坐标轴的给定长度的线段		根据提示拾取绘图要素
	切线/法线:过给定点做已知曲线的切线或法线		根据提示拾取绘图要素
圆弧	三点圆弧:过三点画圆弧,其中第一点为起点,第三点为终点,第二点决定圆弧的位置和方向		点的输入有两种方式:按空格键拾取工具点和按<Enter>键直接输入坐标值 绘制圆弧或圆时,状态栏动态显示半径大小
	圆心_起点_圆心角:已知圆心、起点及圆心角或终点画圆弧		
	圆心_半径_起终角:由圆心、半径和起终角画圆弧		
	两点_半径:已知两点及圆弧半径画圆弧		

（续）

命 令	功 能	图 例	注意事项
整圆	圆心_半径:已知圆心和半径画圆		应根据图形的已知条件选择画圆方式
	三点:过已知三点画圆		
	两点_半径:已知圆上两点和半径画圆		
矩形	两点矩形:给定对角线上两点绘制矩形		给出对角线的起点和终点,生成矩形
	中心_长_宽:给定长度和宽度尺寸值来绘制矩形		给出矩形的中心和长宽尺寸,生成矩形
椭圆	用鼠标或键盘输入椭圆中心,然后按给定参数画一个任意方向的椭圆或椭圆弧		长半轴:指椭圆的长轴尺寸值 短半轴:指椭圆的短轴尺寸值 旋转角:指椭圆的长轴与默认起始基准间夹角 起始角:指画椭圆弧时起始位置与默认起始基准所夹的角度 终止角:指画椭圆弧时终止位置与默认起始基准所夹的角度
正多边形	边:根据输入边数绘制正多边形	定位点	根据图形的已知条件选择画正多边形的方式

（续）

命令	功 能	图 例	注意事项
正多边形	中心:以输入点为中心,绘制内切或外接多边形	定位点	根据图形的已知条件选择画正多边形的方式
等距线	等距:按照给定的距离做曲线的等距线		给出等距的距离和方向
	变等距:按照给定的起始和终止距离,做沿给定方向变化的变等距线		给出等距的距离(从小到大)和方向

任务 2.1 箭头图形的绘制

【任务描述】

完成图 2-1 所示箭头图形的绘制,为完成该任务需要掌握直线、平面镜像等命令的相关知识。

【任务分析】

该图形由直线段、斜线段组成,箭头图形上半部分与下半部分具有对称关系,在绘制时只需先绘制上半部分,然后使用平面镜像命令完成整个图形的绘制。绘图基本步骤如图 2-2 所示。

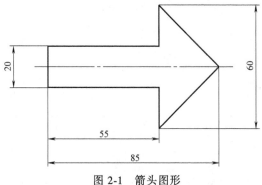

图 2-1 箭头图形

【任务实施】

1）打开 CAXA 制造工程师软件,选择"创建一个新的制造文件",单击"确定"按钮,按<F5>键在 XOY 平面绘制图形,滚动鼠标中键可以调整图形显示比例。

2）单击"直线" ╱ 图标,选择"两点线_ 正交_ 长度"的方式绘制直线,在对话框"长度"中输入 10,右击或按<Enter>键结束,如图 2-3 所示。单击原点作为直线的第一点,移动鼠标使光标显示在 Y 轴正上方以确定直线的方向,单击"确定"按钮绘制好第一条直线段,如图 2-4 所示。

3）继续在已打开的"直线"命令对话框中输入长度"55",右击或按<Enter>键结束,移动鼠标使光标显示在 X 轴正上方以确定直线的方向,单击"确定"按钮绘制好第二条直线段，如图 2-5 所示。

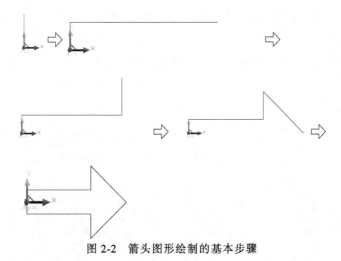

图 2-2　箭头图形绘制的基本步骤

图 2-3　"直线"命令对话框

图 2-4　绘制第一条直线段

图 2-5　绘制第二条直线段

4）继续在已打开的"直线"命令对话框中输入长度"20"，右击或按<Enter>键结束，移动鼠标使直线段沿竖直方向放置，单击"确定"按钮绘制好第三条直线段，如图 2-6 所示。

5）在已打开的"直线"命令对话框中，选择"非正交"方式，按<Enter>键在对话框中输入"85，0"，按<Enter>键确定

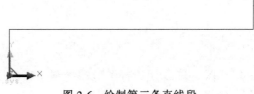

图 2-6　绘制第三条直线段

斜线段的终点，连续右击两次，完成斜线段的绘制并退出"直线"命令，如图2-7所示。

6）单击几何变换栏中的"平面镜像" 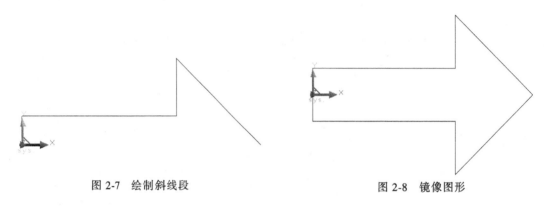 图标，选择"拷贝"，按提示拾取镜像轴的首点和末点，单击原点或第一条直线段的起点作为镜像轴的起点，单击斜线段的终点作为镜像轴的末点，按提示通过单击分别拾取已绘制好的图形元素，右击完成操作，结果如图2-8所示。

图 2-7　绘制斜线段　　　　　　　　　　图 2-8　镜像图形

【拓展训练】

绘制图2-9、图2-10所示的二维图形。

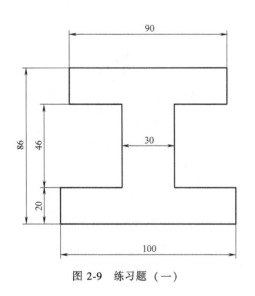

图 2-9　练习题（一）

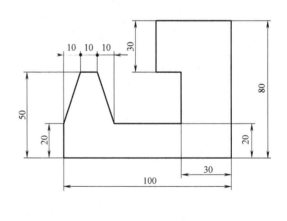

图 2-10　练习题（二）

任务2.2　连杆图形的绘制

【任务描述】

完成图2-11所示连杆图形的绘制，完成该任务需要掌握直线、圆弧、整圆、平面镜像等命令的相关知识。

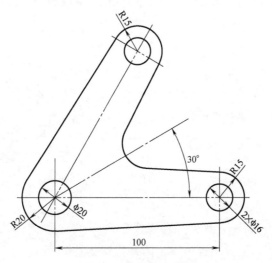

图 2-11 连杆图形

【任务分析】

该图形由直线段、圆弧以及整圆等要素组成，图形上半部分与下半部分关于 30° 的角度线具有对称关系，在绘制时只需先绘制下半部分，然后使用平面镜像命令完成整个图形的绘制。绘图基本步骤如图 2-12 所示。

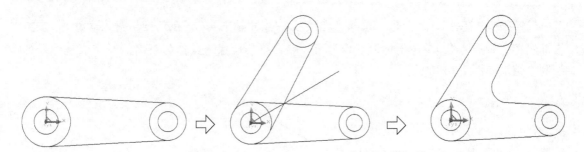

图 2-12 连杆图形绘制的基本步骤

【任务实施】

1）打开 CAXA 制造工程师软件，选择"创建一个新的制造文件"，单击"确定"按钮，按<F5>键在 XOY 平面绘制图形。

2）单击"整圆" ⊕ 图标，以"圆心_半径"的方式画圆，单击坐标原点作为圆心，按<Enter>键后输入半径"20"，继续按<Enter>键输入半径"10"，再按<Enter>键以确定，右击后结束，完成同心圆的绘制，如图 2-13 所示。

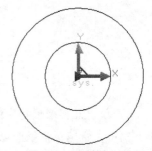

图 2-13 绘制同心圆

3）单击"整圆" ⊕ 图标，以"圆心_半径"的方式画圆，按<Enter>键输入圆心坐标"100，0，0"，按<Enter>键确定，再按<Enter>键输入半径

"15"，继续按<Enter>键输入半径"8"，再按<Enter>键以确定，右击后结束，完成右侧同心圆的绘制，如图2-14所示。

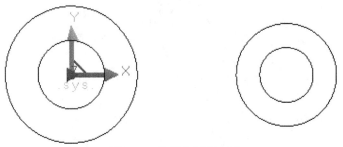

图2-14　绘制右侧同心圆

4）单击"直线" ∕ 图标，选择"两点线"→"单个"→"非正交"，按空格键选择"切点"，单击两圆接近切点的位置画出切线，结果如图2-15所示。

图2-15　绘制切线

5）单击"直线" ∕ 图标，选择"角度线"→"X轴夹角"，在角度栏输入"30"，按空格键选择"缺省点"，单击坐标原点作为第一点，单击任意一点作为第二点，完成镜像线的绘制，结果如图2-16所示。

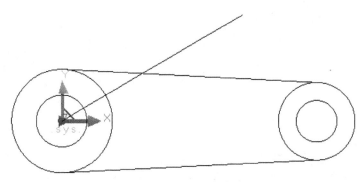

图2-16　绘制镜像线

6）单击几何变换栏中的"平面镜像" 图标，选择"拷贝"，按提示选择镜像线的两个端点，然后分别拾取要复制的图像元素，右击后完成操作，结果如图2-17所示。

7）单击线面编辑栏中的"曲线过渡" 图标，选择"圆弧过渡"，输入圆弧半径"15"，然后选择"裁剪曲线1""裁剪曲线2"，分别拾取要进行圆弧过渡的两条直线完成操作，结果如图2-18所示。

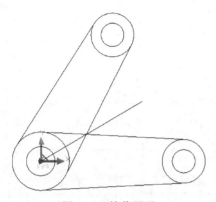

图 2-17　镜像图形

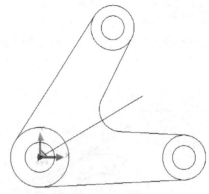

图 2-18　圆弧过渡

8）单击线面编辑栏中的"删除" 图标，然后单击镜像线，通过右击确认完成操作，结果如图 2-19 所示。

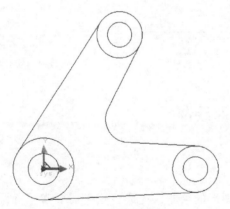

图 2-19　删除镜像线

9）单击线面编辑栏中的"曲线裁剪" 图标，分别单击需要裁掉的曲线，通过右击确认完成裁剪，结果如图 2-20 所示。

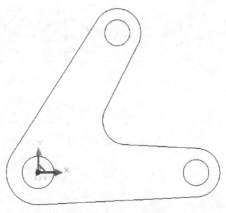

图 2-20　曲线裁剪

【拓展训练】

绘制图 2-21、图 2-22 所示的二维图形。

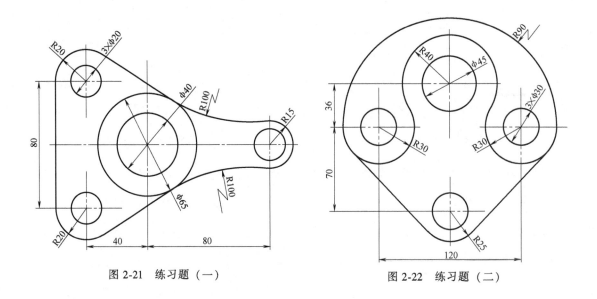

图 2-21　练习题（一）

图 2-22　练习题（二）

任务 2.3　扳手图形的绘制

【任务描述】

完成图 2-23 所示扳手图形的绘制，完成该任务需要掌握椭圆、正多边形、等距线等命令的相关知识。

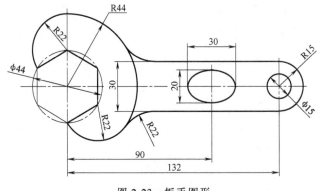

图 2-23　扳手图形

【任务分析】

该图形由直线段、圆弧、整圆、椭圆、正六边形等要素组成，其中椭圆以及正六边形是新的绘图命令，需重点掌握其绘图方法。绘图基本步骤如图 2-24 所示。

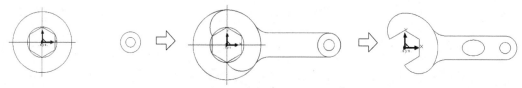

图 2-24　扳手图形绘制的基本步骤

【任务实施】

1）打开 CAXA 制造工程师软件，选择"创建一个新的制造文件"，单击"确定"按钮，按<F5>键在 XOY 平面绘制图形。

2）单击"直线" ╱ 图标，选择"水平/铅垂线"→"水平+铅垂"，在长度栏输入"100"，按<Enter>键，根据状态栏提示将直线中心放在坐标原点上单击一次，右击后结束，结果如图 2-25 所示。

3）单击"整圆" ⊕ 图标，以"圆心_半径"的方式画圆，单击坐标原点作为圆心，按<Enter>键后输入半径"44"，继续按<Enter>键输入半径"22"，再按<Enter>键确定，右击后结束，完成同心圆的绘制，如图 2-26 所示。

图 2-25　绘制水平及铅垂线

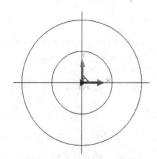

图 2-26　绘制同心圆

4）单击"正多边形" ⬡ 图标，选择"中心"→"内接"的方式，边数输入"6"，根据状态栏提示，单击坐标原点作为六边形中心，单击铅垂线与φ44 圆的交点作为正六边形的边起点，或者按<Enter>键输入点坐标"0，22，0"作为边起点，完成正六边形绘制，结果如图 2-27 所示。

5）单击"圆弧" ╱ 图标，选择"两点_半径"方式绘制圆弧，单击第二象限中正六边形的顶点作为第 1 点，按空格键选择"切点"方式，单击拾取φ44 的圆作为第 2 点，按<Enter>键输入半径"22"，再按<Enter>键确定完成第 1 个 R22 圆弧的绘制。按相同的方法绘制第 2 个 R22 圆弧，结果如图 2-28 所示。

6）单击"整圆" ⊕ 图标，以"圆心_半径"的方式画圆，按<Enter>键输入坐标"132，0，0"，按<Enter>键后输入半径"15"，继续按<Enter>键输入半径"7.5"，再按<Enter>键确定，右击后结束，完成同心圆的绘制，结果如图 2-29 所示。

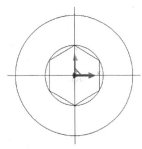

图 2-27　绘制正六边形

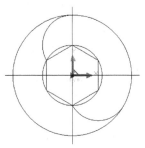

图 2-28　绘制 R22 圆弧

7）单击"等距线" 图标，选择"单根曲线"→"等距"方式，输入距离"15"按
<Enter>键，单击水平线作为要等距的线，拾取后单击向上指的箭头绘制上边的等距线，然
后单击水平线，拾取后单击向下指的箭头绘制下边的等距线，结果如图 2-30 所示。

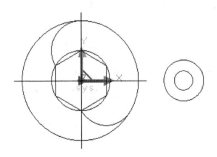

图 2-29　绘制同心圆

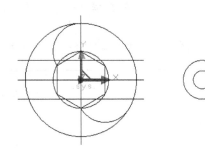

图 2-30　绘制等距线

8）单击"曲线拉伸" 图标，单击拾取上边的等距线，移动鼠标将等距线拉伸至右
侧大圆的象限点或切点位置，单击象限点完成上边等距线的拉伸，按相同的方法拉伸下边的
等距线，结果如图 2-31 所示。

9）单击"曲线过渡" 图标，设置圆角半径为"22"，选择"不裁剪曲线 1"→"裁
剪曲线 2"，先单击圆弧再单击直线完成操作，结果如图 2-32 所示。

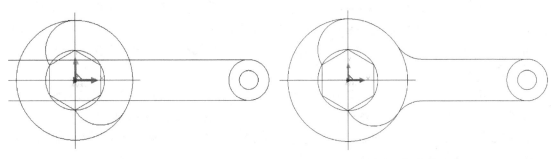

图 2-31　曲线拉伸

图 2-32　曲线过渡

10）单击"椭圆"， 图标，在长半轴栏内输入"15"后按<Enter>键，在短半轴栏内
输入"10"后按<Enter>键，继续按<Enter>键输入椭圆中心位置"90，0，0"后再按
<Enter>键，右击后完成操作，结果如图 2-33 所示。

11）单击"曲线裁剪" 和"删除" 图标，分别对多余曲线进行裁剪或删除，获得图 2-34 所示的图形。

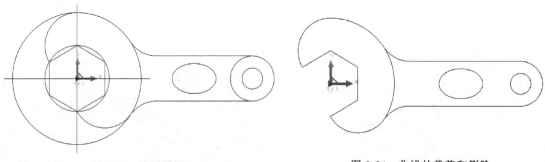

图 2-33 绘制椭圆   图 2-34 曲线的裁剪和删除

【拓展训练】

绘制图 2-35、图 2-36 所示的二维图形。

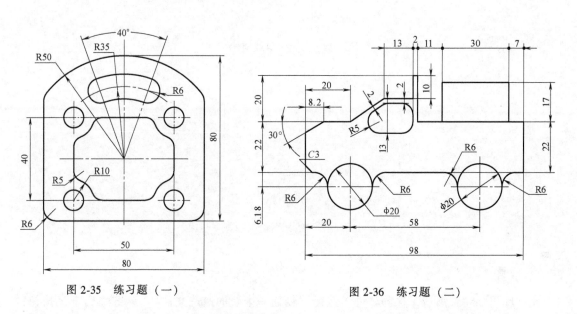

图 2-35 练习题（一）   图 2-36 练习题（二）

任务2.4 凸台三维线架的绘制

【任务描述】

完成图 2-37 所示凸台三维线架的绘制，完成该任务需要掌握矩形命令以及坐标平面切换的相关知识。

【任务分析】

该图形主要由矩形要素组成，需要在不同的平面上绘制矩形，然后使用直线命令将对应的点连接起来完成三维线架的绘制，绘图基本步骤如图 2-38 所示。

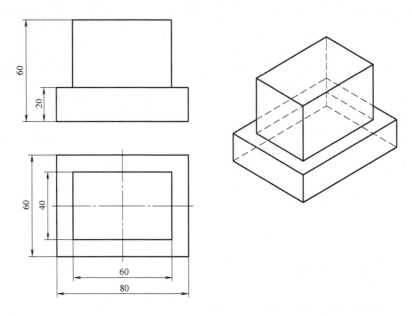

图 2-37　凸台三维线架图

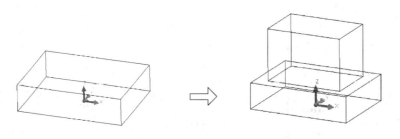

图 2-38　凸台三维线架图绘制的基本步骤

【任务实施】

1）打开 CAXA 制造工程师软件，选择"创建一个新的制造文件"，单击"确定"按钮，按<F5>键在 XOY 平面绘制图形。

2）单击"矩形" ▭ 图标，选择以"中心 _ 长 _ 宽"的方式绘图，输入长"80"、宽"60"，按<Enter>键完成设置，选择坐标原点作为中心单击确认，右击后完成绘制，结果如图 2-39 所示。

3）按<F8>键显示轴测图，如图 2-40 所示。

4）单击"矩形" ▭ 图标，选择以"中心 _ 长 _ 宽"的方式绘图，输入长"80"、宽"60"，输入矩形的中心坐标"0，0，20"，按<Enter>键确认，右击完成绘制，结果如图2-41所示。

5）按<F9>键，将绘图平面切换到 YOZ 平面，通过观察坐标系中斜线与 Y 轴和 Z 轴相连，代表 YOZ 平面，如图 2-42 所示。

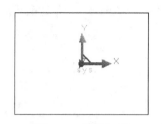

图 2-39 绘制矩形

图 2-40 显示轴测图

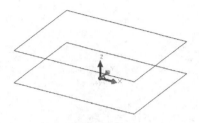

图 2-41 绘制矩形

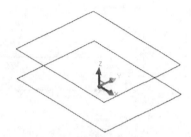

图 2-42 切换构图平面

6）单击"直线" ✏ 图标，选择"两点线"→"单个"→"正交"→"点方式"，分别单击上下矩形角的对应点，完成矩形线框的绘制，结果如图 2-43 所示。

7）按<F9>键，将绘图平面切换到 XOY 平面，单击"矩形" ▭ 图标，选择以"中心_ 长_ 宽"的方式绘图，输入长"60"、宽"40"，输入矩形的中心坐标"0，0，20"，按<Enter>键确认，右击完成绘制，结果如图 2-44 所示。

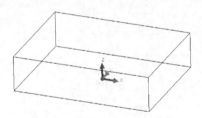

图 2-43 直线连接矩形对应点

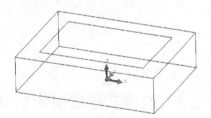

图 2-44 绘制矩形

8）单击"矩形" ▭ 图标，选择以"中心_ 长_ 宽"的方式绘图，输入长"60"、宽"40"，输入矩形的中心坐标"0，0，60"，按<Enter>键确认，右击完成绘制，结果如图2-45所示。

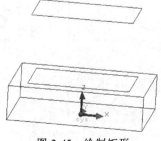

图 2-45 绘制矩形

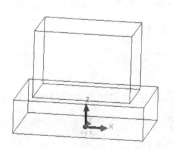

图 2-46 直线连接矩形对应点

9）按<F9>键，将绘图平面切换到 YOZ 平面，单击"直线" ✏ 图标，选择"两点线"→"单个"→"正交"→"点方式"，分别单击上下矩形角的对应点，完成矩形线框的绘制，结果如图 2-46 所示。

【拓展训练】

绘制图 2-47 所示的三维线架图形。

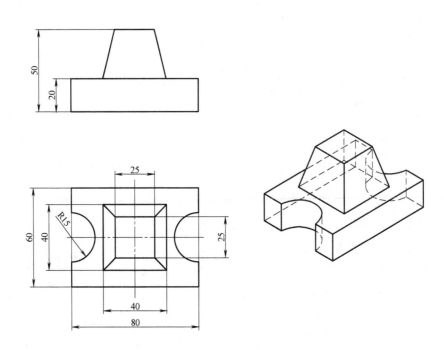

图 2-47　练习题

任务 2.5　凹槽三维线架的绘制

【任务描述】

完成图 2-48 所示凹槽三维线架的绘制，完成该任务需要掌握平移命令以及坐标平面切换的相关知识。

【任务分析】

该图形主要由矩形、直线及圆弧组成，两个侧面圆弧需要切换坐标平面来绘制，绘图基本步骤如图 2-49 所示。

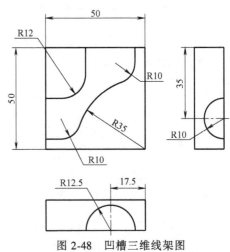

图 2-48　凹槽三维线架图

  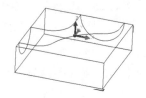

图 2-49 凹槽三维线架图绘制的基本步骤

【任务实施】

1）打开 CAXA 制造工程师软件，选择"创建一个新的制造文件"，单击"确定"按钮，按<F5>键在 XOY 平面绘制图形。

2）单击"矩形" ▢ 图标，选择以"中心_长_宽"的方式绘图，输入长"50"、宽"50"，选择坐标原点作为中心单击确认，右击完成绘制，结果如图 2-50 所示。

3）按<F8>键，显示轴测图，如图 2-51 所示。

图 2-50 绘制矩形

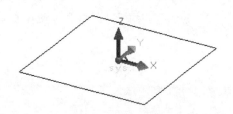

图 2-51 显示轴测图

4）按<F5>键切换到 XOY 平面，单击"等距线" ⏛ 图标，选择"单根曲线"→"等距"方式，绘制等距距离为"35"和"17.5"的两条直线，结果如图 2-52 所示。

5）单击"点" ▦ 图标，选择"单个点"→"工具点"，分别单击等距线与矩形边的两个交点，完成点的绘制，结果如图 2-53 所示。

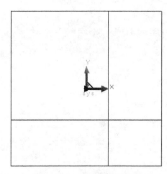

图 2-52 绘制等距线

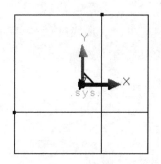

图 2-53 绘制点

6）按<F8>键显示轴测图，按<F9>键将绘图平面切换到 YOZ 平面，单击"整圆" ⊕ 图标，以"圆心_半径"的方式画圆，单击左边点作为圆心，按<Enter>键后输入半径"10"，再按<Enter>键确定，右击后结束，完成圆的绘制，结果如图 2-54 所示。

7）按<F9>键将绘图平面切换到 XOZ 平面，单击"整圆" ⊕ 图标，以"圆心_半径"的方式画圆，单击上边点作为圆心，按<Enter>键后输入半径"12.5"，再按<Enter>键确定，右击后结束，完成圆的绘制，结果如图 2-55 所示。

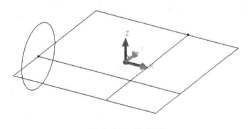

图 2-54 绘制圆

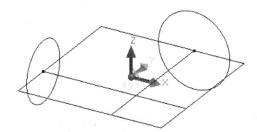

图 2-55 绘制圆

8）单击"曲线裁剪" ✂ 和"删除" ⊘ 图标，裁剪两个圆的上半部分和删除两条直线与两个点，获得图 2-56 所示的图形。

9）按<F9>键将绘图平面切换到 XOY 平面，单击"直线" ╱ 图标，选择"两点线"→"单个"→"正交"→"点方式"，绘制 4 条正交直线，结果如图 2-57 所示。

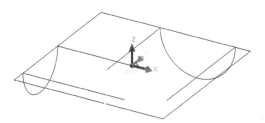

图 2-56 裁剪和删除曲线

图 2-57 绘制 4 条正交直线

10）单击"整圆" ⊕ 图标，以"圆心_半径"的方式画圆，单击矩形右下角交点作为圆心，按<Enter>键后输入半径"35"，再按<Enter>键确定，右击后结束；裁剪矩形框外圆的部分圆弧，结果如图 2-58 所示。

11）单击"曲线过渡" ⌐ 图标，分别设置圆角半径为"10"和"12"，生成过渡圆弧，结果如图 2-59 所示。

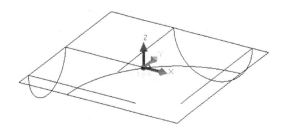

图 2-58 绘制 R35 圆弧

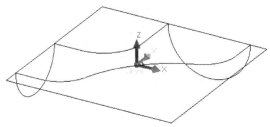

图 2-59 曲线过渡

12）单击"平移" 图标，选择"偏移量"→"拷贝"方式，输入偏移量 DX = 0、DY = 0、DZ = -15，依次单击矩形的 4 条边，右击完成平移，结果如图 2-60 所示。

13）按<F9>键，将绘图平面切换到 YOZ 平面，单击"直线" 图标，选择"两点线"→"单个"→"正交"→"点方式"，分别单击上下矩形角的对应点，完成矩形线框的绘制，结果如图 2-61 所示。

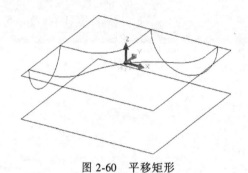

图 2-60　平移矩形

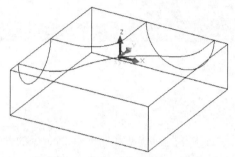

图 2-61　直线连接矩形对应点

【拓展训练】

绘制图 2-62 所示的三维线架图形。

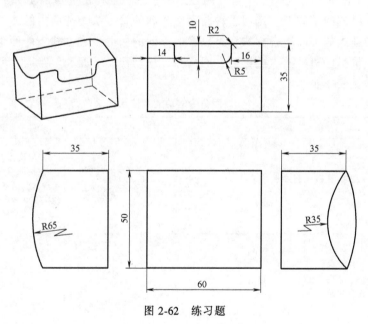

图 2-62　练习题

项目3

曲面造型

1. 掌握曲面造型和曲面编辑命令的使用方法。
2. 能够正确合理地选择曲面造型方法。
3. 能够熟练地使用曲面造型、曲面编辑等命令解决实际绘图操作中的问题。

【知识储备】

CAXA 制造工程师软件提供了丰富的曲面造型手段，在构造完成决定曲面形状的关键线框之后就可以在线框的基础上，选用各种曲面生成和编辑方法构造所需的曲面。

根据曲面特征线的不同组合方式，可以形成不同的曲面生成方式。曲面生成方式有直纹面、旋转面、扫描面、边界面、放样面、网格面、导动面、平面和等距面 9 种。曲面命令的功能及使用方法见表 3-1。

表 3-1　曲面命令的功能及使用方法

命令	功能	图例	注意事项
直纹面	曲线+曲线：在两条自由曲线之间生成直纹面		曲线应为空间曲线 在拾取曲线时应注意拾取点的位置，应拾取曲线的同侧位置，否则将使两曲线的方向相反，生成的直纹面发生扭曲
	点+曲线：在一个点和一条曲线之间生成直纹面		直线与圆不能在同一平面内 直线顶点是曲面生成所需的点要素
	曲线+曲面：在一条曲线和一个曲面之间生成直纹面		当曲线的投影不能全部落在曲面内时，直纹面将无法做出

（续）

命令	功能	图例	注意事项
旋转面	按给定的起始角度、终止角度将曲线绕一旋转轴旋转而生成的轨迹曲面		旋转轴必须是直线 选择方向时箭头方向与曲面旋转方向遵循右手螺旋法则 截面可以是直线、封闭的曲线和非封闭的曲线
扫描面	按照给定的起始位置和扫描距离将曲线沿指定方向以一定的锥度扫描生成曲面		起始距离：指生成曲面的起始位置与曲线平面沿扫描方向上的间距 扫描距离：指生成曲面的起始位置与终止位置沿扫描方向上的间距 扫描角度：指生成曲面母线与扫描方向的夹角
网格面	以网格曲线为骨架，蒙上自由曲面生成的曲面称之为网格曲面。网格曲线是由特征线组成横竖相交线	V向曲线 U向曲线	每一组曲线都必须按其方位顺序拾取，而且曲线的方向必须保持一致 拾取的每条U向曲线与所有V向曲线都必须有交点 拾取的曲线应是光滑曲线 网格曲线组成网状四边形网格，不允许有三边域、五边域和多边域
导动面	平行导动：截面线沿导动线趋势始终平行它自身的移动而扫动生成曲面，截面线在运动过程中没有任何旋转		导动曲线、截面曲线应是光滑曲线 截面线与导动线不能在同一平面 截面线可以是直线、封闭曲线和非封闭的曲线
	固接导动：在导动过程中，截面线和导动线保持固接关系，即让截面线平面与导动线的切矢方向保持相对角度不变，而且截面线在自身相对坐标架中的位置关系保持不变，截面线沿导动线变化的趋势导动生成曲面		导动曲线、截面曲线应是光滑曲线 截面线与导动线不能在同一平面 在两条截面线之间进行导动，拾取这条截面线时，应使它们的方向一致，否则曲面将发生扭曲，形状不可预料

（续）

命令	功能	图例	注意事项
导动面	导动线 & 平面:截面线按一定规则沿一条平面或空间导动线(脊线)扫动生成曲面		截面线平面的方向与导动线上每一点的切矢方向之间相对夹角始终保持不变 截面线的平面方向与所定义的平面法矢的方向始终保持不变 适用于导动线是空间曲线的情形,截面线可以是一条或两条
	导动线 & 边界线:截面线沿一条导动线扫动生成曲面		运动过程中截面线平面始终与导动线垂直 运动过程中截面线平面与两边界线需要有两个交点 对截面线进行放缩,将截面线横跨于两个交点上
	双导动线:将一条或两条截面线沿着两条导动线匀速地扫动生成曲面		拾取截面曲线(在第一条导动线附近),如果是双截面线导动,拾取两条截面线(在第一条导动线附近)
	管道曲面:给定起始半径和终止半径的圆形截面沿指定的中心线扫动生成曲面		起始半径:指管道曲面导动开始时圆的半径 终止半径:指管道曲面导动终止时的半径
等距面	按给定距离与等距方向生成与已知平面(曲面)等距的平面(曲面)		等距距离:指生成平面在所选的方向上离开已知平面的距离 如果曲面的曲率变化太大,等距距离应当小于最小曲率半径

（续）

命令	功能	图例	注意事项
平面 ▱	裁剪平面:由封闭内轮廓进行裁剪形成的有一个或者多个边界的平面		封闭内轮廓可以有多个
	工具平面:包括 XOY 平面、YOZ 平面、ZOX 平面、三点平面、矢量平面、曲线平面和平行平面 7 种		XOY 平面:绕 X 或 Y 轴旋转一定角度生成一个指定长度和宽度的平面 YOZ 平面:绕 Y 或 Z 轴旋转一定角度生成一个指定长度和宽度的平面 ZOX 平面:绕 Z 或 X 轴旋转一定角度生成一个指定长度和宽度的平面
边界面 ◇	四边面:通过 4 条空间曲线生成面		拾取的曲线必须首尾相连成封闭环,才能做出边界面;并且拾取的曲线应是光滑曲线
	三边面:通过 3 条空间曲线生成面		
放样面 ◇	放样曲面: 以一组互不相交、方向相同、形状相似的特征线(或截面线)为骨架进行形状控制,过这些曲线蒙面生成的曲面		拾取的一组特征曲线互不相交,方向一致,形状相似,否则生成结果将发生扭曲,形状不可预料 截面线需保证其光滑性 用户需按截面线摆放的方位顺序拾取曲线 拾取曲线时需保证截面线方向的一致性

曲面编辑主要讲述有关曲面的常用编辑命令及操作方法,它是 CAXA 制造工程师软件的重要功能。曲面编辑包括曲面裁剪、曲面过渡、曲面缝合、曲面拼接和曲面延伸 5 种功能。曲面编辑命令的功能及使用方法见表 3-2。

表 3-2　曲面编辑命令的功能及使用方法

命令	功能	图例	注意事项
曲面裁剪	投影线裁剪:将空间曲线沿给定的固定方向投影到曲面上,形成剪刀线来裁剪曲面	投影 剪刀线 被裁曲面拾取位 被裁掉的曲面	裁剪时保留拾取点所在的那部分曲面。 拾取的裁剪曲线沿指定投射方向向被裁剪曲面投射时必须有投影线,否则无法裁剪曲面 在输入投影方向时可利用矢量工具菜单 剪刀线与曲面边界线重合或部分重合以及相切时,可能得不到正确的裁剪结果
	线裁剪:曲面上的曲线沿曲面法矢方向投影到曲面上,形成剪刀线来裁剪曲面	剪刀线 被裁曲面拾取位置 裁剪后的曲面	裁剪时保留拾取点所在的那部分曲面;若裁剪曲线不在曲面上,则系统将曲线按距离最近的方式投影到曲面上获得投影曲线,然后利用投影曲线对曲面进行裁剪,此投影曲线不存在时,裁剪失败,一般应尽量避免此种情形 若裁剪曲线与曲面边界无交点,且不在曲面内部封闭,则系统将其延长到曲面边界后实行裁剪
	面裁剪:剪刀曲面和被裁剪曲面求交,用求得的交线作为剪刀线来裁剪曲面	被裁剪曲面拾取位置 裁剪后的曲面 剪刀曲面	裁剪时保留拾取点所在的那部分曲面,两曲面必须有交线,否则无法裁剪曲面
	等参数线裁剪:以曲面上给定的等参数线为剪刀线来裁剪曲面,有裁剪和分裂两种方式	参数线方向 被裁掉的曲面部分	裁剪时保留拾取点所在的那部分曲面

（续）

命令	功　能	图　例	注意事项
曲面过渡	在给定的曲面之间以一定的方式做给定半径或半径规律的圆弧过渡面，以实现曲面之间的光滑过渡	过渡圆弧面	用户需正确地指定曲面的方向，方向不同会导致完全不同的结果 进行过渡的两曲面在指定方向上与距离等于半径的等距面必须相交，否则曲面过渡失败 若曲面形状复杂，变化过于剧烈，使得曲面的局部曲率小于过渡半径时，过渡面将发生自交，形状难以预料，应尽量避免这种情形
曲面缝合	曲面切矢 1：在第一张曲面的连接边界处按曲面 1 的切向和第二张曲面进行连接	第一张曲面	生成的曲面仍保持有第一张曲面形状的部分
	平均切矢：切矢方式曲面缝合，在第一张曲面的连接边界处按两曲面的平均切向进行光滑连接		生成的曲面在第一张曲面和第二张曲面处都改变了形状
曲面拼接	两面拼接：做一曲面，使其连接两给定曲面的指定对应边界，并在连接处保证光滑		拾取时在需要拼接的边界附近单击曲面 拾取点时要拾取距离边界线最近的端点，此端点就是边界的起点 两个边界线的起点应该一致，如果两个曲面边界线方向相反，拼接的曲面将发生扭曲，形状不可预料

（续）

命令	功能	图例	注意事项
曲面拼接 🖐	三面拼接:做一曲面,使其连接3个给定曲面的指定对应边界,并在连接处保证光滑	拼接曲面	要拼接的3个曲面必须在角点相交,要拼接的3个边界应该首尾相连,形成一曲线,它可以封闭,也可以不封闭。拾取曲线时需先右击,再单击曲线才能选择曲线
	四面拼接:做一曲面,使其连接4个给定曲面的指定对应边界,并在连接处保证光滑		要拼接的4个曲面必须在角点两两相交,要拼接的4个边界应该首尾相连,形成一串封闭曲线,围成一个封闭区域。拾取曲线时需先右击,再单击曲线才能选择曲线
曲面延伸 🔷	原曲面按所给长度沿相切的方向延伸出去,扩大曲面	沿切向延伸出	曲面延伸功能不支持裁剪曲面的延伸

任务 3.1　五角星的曲面造型

【任务描述】

　　完成图3-1所示五角星的曲面造型,完成该任务需要掌握之前所学三维线架绘制的基本方法以及平面、直纹面、扫描面等命令的相关知识。

【任务分析】

　　由图3-1可知,五角星的造型主要由多个空间面组成,因此首先应使用空间曲线构造实体的空间线架,然后利用直纹面命令生成曲面,可以逐个生成,也可以将生成的一个角的曲面进行圆形阵列,最终生成所有的曲面。

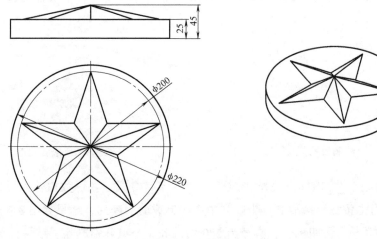

图 3-1　五角星

【任务实施】

1）打开 CAXA 制造工程师软件，选择"创建一个新的制造文件"，单击"确定"按钮，按<F5>键在 XOY 平面绘制图形。

2）单击"整圆" ⊕ 图标，以"圆心_ 半径"的方式画圆，拾取原点为圆心，分别绘制半径为 100 和半径为 110 的圆。单击"点" ▣ 图标，选择"批量点"→"等分点"方式，在段数栏输入"5"，拾取直径为 200 的圆，生成 5 个等分点。单击"平面旋转" ✿ 图标，选择"固定角度"→"移动"方式，角度输入"90"，拾取原点为旋转中心，拾取圆上的 5 个点，右击完成 5 个点的旋转，结果如图 3-2 所示。

3）单击"直线" ／ 图标，连接 5 个点绘制五角星。单击"曲线裁剪" ✂ 图标，裁剪多余曲线，结果如图 3-3 所示。

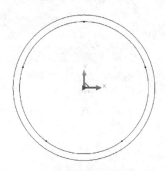

图 3-2　绘制同心圆及等分点

图 3-3　绘制五角星

4）按<F8>键，显示轴测图。单击"直线" ／ 图标，选择"两点线"→"单个"→"非正交"方式，单击拾取任意一角点作为起点，按<Enter>键输入"0，0，20"作为第二点，完成棱线 L1 的绘制，结果如图 3-4 所示。

5）单击"直纹面" 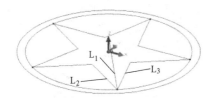 图标，分别选取直线 L_1、L_2、L_1 和 L_3，生成直纹面，结果如图 3-5 所示。

图 3-4　绘制棱线 L_1

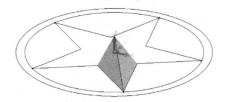

图 3-5　生成直纹面

6）单击"阵列" 图标，选择"圆形"→"均布"方式，在份数栏输入"5"，单击拾取两个直纹面，右击按提示拾取原点为阵列中心，完成曲面阵列，结果如图 3-6 所示。

7）单击"删除" 图标，将直径为 200 的圆和 5 个点分别删除，结果如图 3-7 所示。

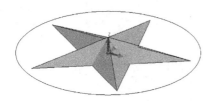

图 3-6　阵列面

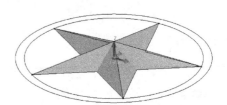

图 3-7　删除点和圆

8）单击"平面" 图标，选择"裁剪平面"方式，按提示拾取直径为 220 的圆作为外轮廓线，单击"链搜索方向"，右击生成裁剪平面，结果如图 3-8 所示。

9）单击"扫描面" 图标，在扫描距离栏中输入"25"，按空格键选择"Z 轴负方向"作为扫描方向，单击直径为 220 的圆生成扫描面，结果如图 3-9 所示。

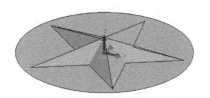

图 3-8　生成裁剪平面

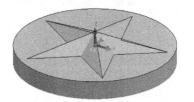

图 3-9　生成扫描面

10）单击"相贯线" 图标，选择"曲面边界线"→"单根"方式，单击已生成的扫描面，得到扫描面的另一条边界线，结果如图 3-10 所示。

曲面边界线

图 3-10　绘制边界线

图 3-11　生成底部平面

11）单击"平面" 图标，选择"裁剪平面"方式，按提示拾取已生成的边界线作为外轮廓线，单击"链搜索方向"，右击生成直径 220 为圆的底部平面，结果如图 3-11 所示。

【拓展训练】

完成图 3-12 所示零件的曲面造型。

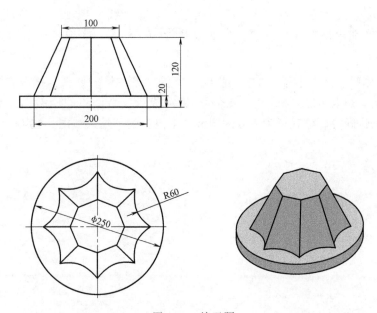

图 3-12　练习题

任务 3.2　帐篷外形的曲面造型

【任务描述】

完成图 3-13 所示帐篷外形的曲面造型，完成该任务需要掌握之前所学三维线架绘制的基本方法以及边界面等命令使用的相关知识。

【任务分析】

由图 3-13 所示可知，帐篷的造型主要由多个空间面组成，因此首先应使用空间曲线构造实体的空间线架，然后利用边界面命令生成曲面，可以逐个生成，也可以将生成的一个曲面进行圆形阵列，最终生

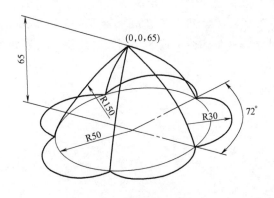

图 3-13　帐篷外形图

成所有的曲面。

【任务实施】

1）打开 CAXA 制造工程师软件，选择"创建一个新的制造文件"，单击"确定"按钮，按<F5>键在 XOY 平面绘制图形。

2）单击"整圆" ⊕ 图标，以"圆心_ 半径"的方式画圆，拾取原点为圆心，按<Enter>键输入半径"50"，完成直径为 100 的圆的绘制。单击"点" ▣ 图标，选择"批量点"→"等分点"方式，在段数栏输入"5"，拾取直径为 100 的圆，生成 5 个等分点，结果如图3-14所示。

3）单击"圆弧" ╱ 图标，选择"两点_ 半径"方式绘制圆弧，拾取直径为 100 的圆上的相邻两个点，输入半径"30"，按<Enter>键完成第一个圆弧的绘制，使用"阵列"命令获得 5 个圆弧；同时删除直径为 100 的圆和 5 个点，绘图结果如图 3-15 所示。

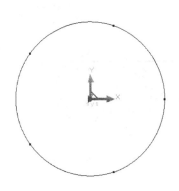

图 3-14　绘制圆及等分点

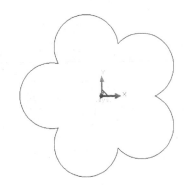

图 3-15　绘制圆弧

4）按<F8>键，单击"点" ▣ 图标，选择"单个点"方式，按<Enter>键输入点坐标"0，0，65"，再按<Enter>键完成空间点的绘制，结果如图 3-16 所示。

5）按<F9>键将绘图平面切换到 XOZ 平面，单击"圆弧" ╱ 图标，选择"两点_ 半径"方式绘制圆弧，拾取空间点和位于 XOY 平面上的一个圆弧交点作为圆弧的两个端点，输入半径"150"，按<Enter>键完成第一个圆弧的绘制，再将绘图平面切换到 XOY 平面，使用"阵列"命令完成 5 个圆弧的绘制，结果如图 3-17 所示。

图 3-16　绘制空间点

图 3-17　绘制空间圆弧

6）单击"边界面" 图标，选择"三边面"方式，根据提示拾取相邻的三条曲线生成一个三边面，结果如图 3-18 所示。

7）按<F9>键将绘图平面切换到 XOY 平面，单击"平面旋转" 图标，选择"固定角度"→"拷贝"方式，在份数栏输入"5"，在角度栏输入"72"，单击坐标中心作为旋转中心，拾取已绘制好的第一个曲面后右击确认完成 5 个曲面的绘制，结果如图 3-19 所示。

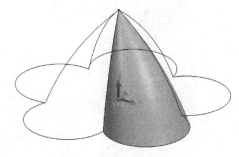

图 3-18　绘制三边面

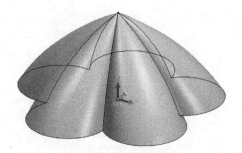

图 3-19　平面旋转曲面

【拓展训练】

完成图 3-20、图 3-21 所示图形的曲面造型。

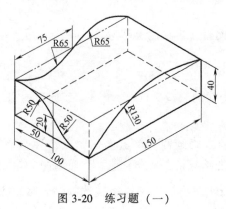

图 3-20　练习题（一）

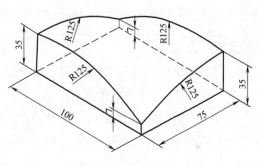

图 3-21　练习题（二）

任务 3.3　集粉筒的曲面造型

【任务描述】

完成图 3-22 所示集粉筒的曲面造型，完成该任务需要掌握平面、直纹面、扫描面、镜像、曲面裁剪等命令使用的相关知识。

【任务分析】

由图 3-22 所示可知，该集粉筒三维曲面模型下部圆柱面及偏管可用扫描面、直纹面、曲面裁剪、平面等命令完成造型，上部弯管部分是造型难点，可使用扫描面、曲面裁剪、镜

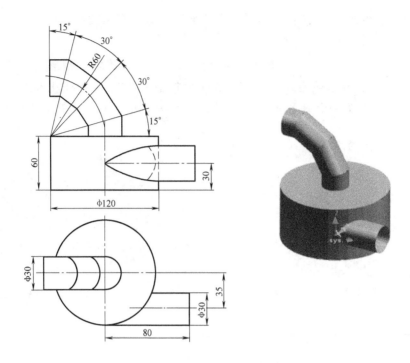

图 3-22　集粉筒

像等命令完成造型。绘图时可先绘制底部大圆柱面和偏管，再绘制上部弯管。

【任务实施】

1）打开 CAXA 制造工程师软件，选择"创建一个新的制造文件"，单击"确定"按钮，按<F5>键在 XOY 平面绘制图形。

2）单击"整圆" ⊕ 图标，以"圆心_半径"的方式画圆，单击坐标原点作为圆心，按<Enter>键输入半径"60"，按<Enter>键确认，右击结束。按<F8>键显示轴测图，单击"扫描面" 图标，输入扫描距离"60"，并按<Enter>键确认，按空格键选择"Z 轴正方向"为扫描方向，左击拾取直径为"120"的圆作为扫描曲线，完成圆柱面的绘制，结果如图 3-23 所示。

3）单击"平面" ▱ 图标，选择"裁剪平面"方式，按提示拾取已绘制的直径为 120 的圆作为外轮廓线，单击"链搜索方向"，右击生成直径为 120 的圆柱底部平面，结果如图 3-24 所示。

4）按<F9>键将绘图平面切换到 YOZ 平面，单击"整圆" ⊕ 图标，选择"圆心_半径"的方式，按<Enter>键输入圆心坐标"0，-35，30"，然后按<Enter>键输入半径"15"，完成整圆的绘制，结果如图 3-25 所示。

5）单击"扫描面" 图标，输入扫描距离"80"并按<Enter>键确认，按空格键选择"X 轴正方向"为扫描方向，单击拾取直径为 30 的圆作为扫描曲线，完成偏管圆柱面的绘制，结果如图 3-26 所示。

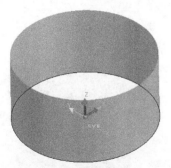

图 3-23 绘制圆柱面

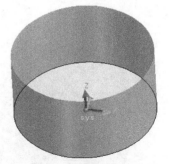

图 3-24 绘制圆柱底部平面

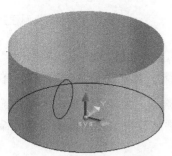

图 3-25 绘制直径为 30 的圆

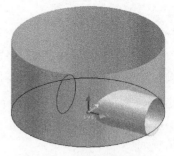

图 3-26 绘制偏管圆柱面

6）单击"曲面裁剪" 🔧 图标，选择"面裁剪"→"裁剪"→"裁剪曲面 1"方式，按图 3-27 所示的标注说明，单击大圆柱面外部偏管部分作为"被裁剪曲面"（保留部分），单击大圆柱面作为"剪刀面"，完成偏管曲面的裁剪，结果如图 3-28 所示。

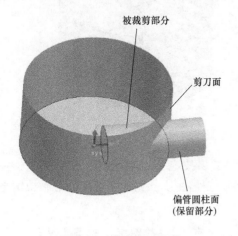

图 3-27 拾取位置说明

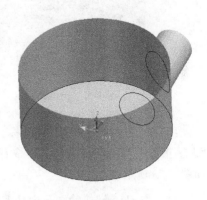

图 3-28 裁剪偏管

7）单击"曲面裁剪" 🔧 图标，选择"面裁剪"→"裁剪"→"裁剪曲面 1"方式，按图 3-29 所示的标注说明，单击大圆柱面作为"被裁剪曲面"（保留部分），单击偏管圆柱面作为"剪刀面"，完成大圆柱面与偏管圆柱面相交的那部分面的裁剪，结果如图 3-30 所示。

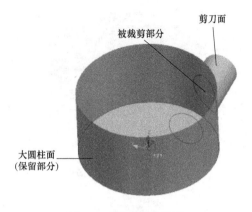

图 3-29 拾取位置说明

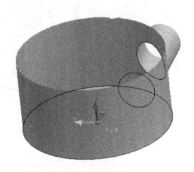

图 3-30 裁剪大圆柱面

8) 单击 "相贯线" 图标，选择 "曲面边界线" → "单根" 方式，单击大圆柱面上部，完成大圆柱面顶部边界线的绘制。按<F9>键将绘图平面切换到 XOY 方式，单击 "整圆" 图标，选择 "圆心_ 半径" 的方式，按空格键选择 "圆心"，单击大圆柱面顶部整圆曲线，按<Enter>键输入半径 "15"，再按<Enter>键确认，右击完成圆的绘制，结果如图 3-31 所示。

9) 单击 "直纹面" 图标，选择 "曲线+曲线" 方式，分别单击两个整圆曲线，完成大圆柱面顶部平面的绘制，结果如图 3-32 所示。

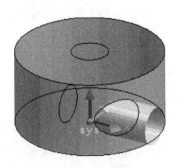

图 3-31 绘制整圆

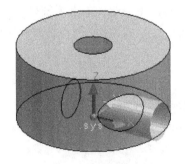

图 3-32 绘制直纹面

10) 单击 "扫描面" 图标，输入扫描距离 "50"，按<Enter>键确认，按空格键选择 "Z 轴正方向" 为扫描方向，拾取直径为 30 的整圆作为扫描曲线，完成扫描面的绘制，结果如图 3-33 所示。

11) 按<F9>键将绘图平面切换到 XOZ 平面，单击 "直线" 图标，选择 "两点线" → "单个" → "正交" → "点方式"，按空格键选择 "缺省点"，分别以大圆柱面顶部整圆曲线左端点为起始点，绘制两条互相垂直的直线，结果如图 3-34 所示。

12) 单击 "直线" 图标，选择 "角等分线" 方式，在份数栏输入 "6"，在长度栏输入 "80"，按提示分别拾取两条互相垂直的直线，完成角等分线的绘制，结果如图 3-35 所示。

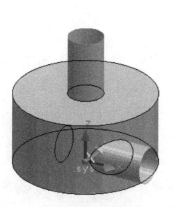

图 3-33 绘扫描面

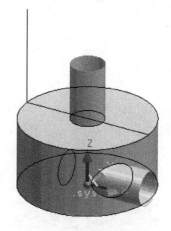

图 3-34 绘制直线

13）按<F9>键将绘图平面切换到 XOY 平面，单击"直线" ✎ 图标，选择"水平/铅垂线"→"铅垂"方式，在长度栏输入"50"，按<Enter>键，单击两条垂直线的交点，完成铅垂线的绘制，结果如图 3-36 所示。

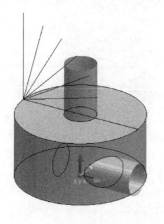

图 3-35 绘制角等分线

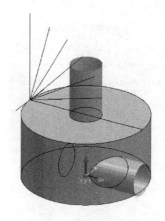

图 3-36 绘制铅垂线

14）单击"扫描面" 图标，输入扫描距离"80"，按<Enter>键确认，按空格键选择"直线方向"为扫描方向，单击15°角度线并选择扫描方向，拾取铅垂线作为扫描曲线，完成扫描面的绘制，结果如图 3-37 所示。

15）单击"曲面裁剪" 图标，选择"面裁剪"→"裁剪"→"裁剪曲面1"方式，单击直径为 30 的圆柱面底部作为被裁剪面（保留部分），拾取已绘制的 15°斜面作为剪刀面，完成曲面裁剪，结果如图 3-38 所示。

16）单击"相贯线" 图标，选择"曲面边界线"→"单根"方式，单击直径为 30 的圆柱面上部，完成曲面边界线的绘制，结果如图 3-39 所示。

17）按<F9>键将绘图平面切换到 XOZ 平面，单击"圆弧" 图标，选择"圆心_ 半径_ 起终角"方式，在起始角栏输入"0"，在终止角栏输入"90"，选择两条垂直线的交点为圆心，在半径栏输入"60"，按<Enter>键完成R60圆弧的绘制，结果如图3-40所示。

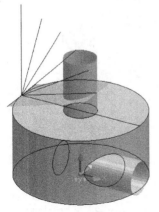

图3-37　绘制扫描面

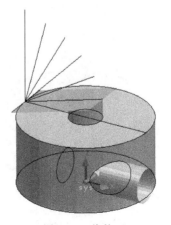

图3-38　裁剪面

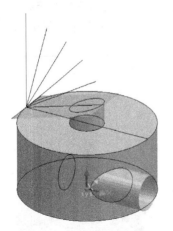

图3-39　绘制曲面边界线

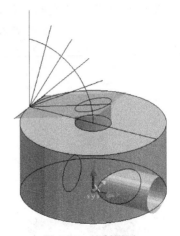

图3-40　绘制圆弧

18）单击"直线" ╱ 图标，选择"切线/法线"→"切线"方式，在长度栏输入"50"，拾取R60的圆弧作为切线，30°角度线与R60圆弧的交点为直线中点，完成切线的绘制，结果如图3-41所示。

19）单击"扫描面" 图标，输入扫描距离"50"，按<Enter>键确认，按空格键选择"直线方向"为扫描方向，单击已绘制的切线并选择扫描方向，拾取已绘制的曲面边界线作为扫描曲线，完成扫描面的绘制，结果如图3-42所示。

20）单击"扫描面" 图标，输入扫描距离"100"，按<Enter>键确认，按空格键选择"直线方向"为扫描方向，单击已绘制的45°角度线并选择扫描方向，拾取已绘制的铅垂线作为扫描曲线，完成扫描面的绘制，结果如图3-43所示。

21）单击"曲面裁剪" 图标，选择"面裁剪"→"裁剪"→"裁剪曲面1"方式，单击15°斜面与45°斜面之间的圆柱面作为被裁剪面（保留部分），拾取已绘制的45°斜面作为剪刀面，完成曲面裁剪，结果如图3-44所示。

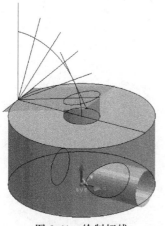

图 3-41　绘制切线

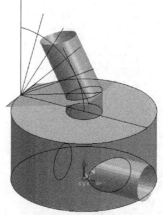

图 3-42　绘制扫描面

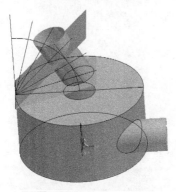

图 3-43　绘制 45°斜面

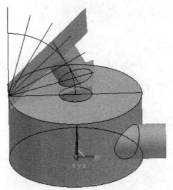

图 3-44　曲面裁剪

22）单击"镜像" 图标，按提示分别拾取 45°斜面上的 3 个点作为平面上的 3 个点，分别拾取直径为 30 的两段圆柱面作为镜像元素，右击完成镜像操作，结果如图 3-45 所示；删除多余曲面和曲线，最终结果如图 3-46 所示。

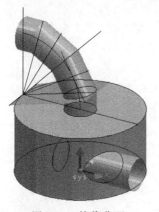

图 3-45　镜像曲面

图 3-46　最终曲面模型

【拓展训练】

完成图 3-47、图 3-48 所示图形的曲面造型。

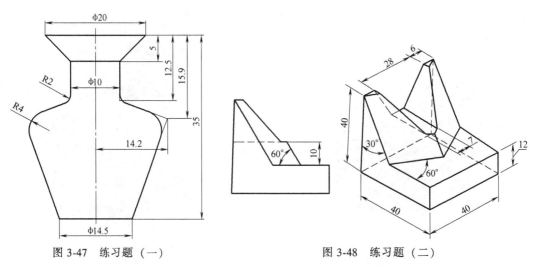

图 3-47　练习题（一）　　　　　　图 3-48　练习题（二）

任务 3.4　浇水壶的曲面造型

【任务描述】

　　完成图 3-49 所示浇水壶的曲面造型，完成该任务需要掌握放样面、导动面、平面、平面旋转、曲面裁剪等命令使用的相关知识。

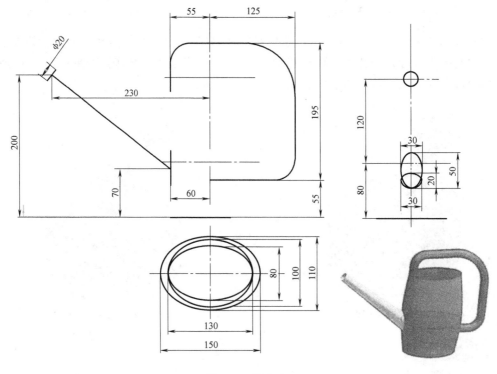

图 3-49　浇水壶

【任务分析】

由图3-49所示可知，壶体截面为椭圆形，上、中、下截面大小不一，可采用放样面命令；手柄为一等截面柱体，截面为椭圆形；壶嘴前后截面尺寸不同，形状各异，可以采用导动面命令。另外，还需运用到平面、平面旋转、平面裁剪等命令的功能。

【任务实施】

1）打开CAXA制造工程师软件，选择"创建一个新的制造文件"，单击"确定"按钮，按<F5>键在XOY平面绘制图形。

2）单击"椭圆" ⬭ 图标，在"立即"菜单中输入长半轴和短半轴的值分别为75、55，65、50，65、40，单击原点作为中心，得到图3-50所示的3个椭圆。

3）单击"平移" 图标，将长轴为150、短轴为110的椭圆沿Z轴正方向平移"80"，长轴为130、短轴为80的椭圆沿Z轴正方向平移"200"，按<F8>键显示轴测图，结果如图3-51所示。

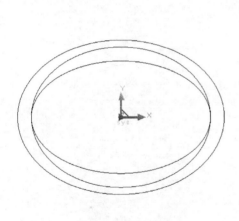

图3-50 绘制椭圆

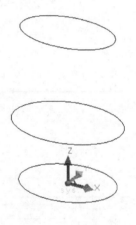

图3-51 平移椭圆

4）单击"放样面" ◇ 图标，在"立即"菜单中选择"截面曲线"→"不封闭"，依次单击3个椭圆并右击，得到图3-52所示的曲面。

5）单击"平面" ▱ 图标，在"立即"菜单中选择"裁剪平面"，按提示拾取上表面的外轮廓线，选择方向，右击确认，得到上表面；然后采用同样的方法得到下表面，结果如图3-53所示。

6）按<F7>键，显示XOZ平面，单击"线架显示" 图标，将曲面切换为线架显示以利于绘图。单击"直线"图标 ╱ 和"曲线过渡"图标 ，绘制图3-54所示的手柄中心线。

7）按<F8>键显示轴测图，再按<F9>键，将绘图平面切换为YOZ平面。单击"椭圆" ⬭ 图标，在"立即"菜单中长半轴栏输入"15"、短半轴栏输入"10"，单击图

3-55所示图形下边直线的端点为椭圆中心，然后右击确认，完成手柄的截面线，结果如图3-55 所示。

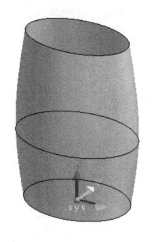

图 3-52　绘制放样面

图 3-53　绘制上、下表面

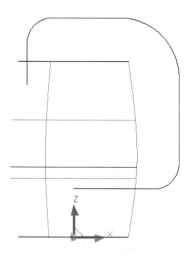

图 3-54　绘制手柄中心线

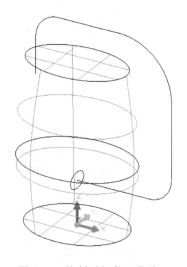

图 3-55　绘制手柄截面曲线

8）单击"曲线组合" 🔧图标，在"立即"菜单中选择"删除原曲线"，拾取手柄中心线进行组合。

9）单击"导动面" 🔧图标，选择"固接导动"→"单截面线"方式，按状态栏提示拾取手柄中心线为导动线，拾取手柄截面线椭圆为截面线，右击确认完成，结果如图3-56所示。

10）单击"曲面裁剪" 🔧图标，在"立即"菜单中选择"裁剪"→"相互裁剪"，将多余的曲面部分裁去；然后单击"真实感显示" 🔧图标，结果如图3-57所示，手柄部分绘制完成。

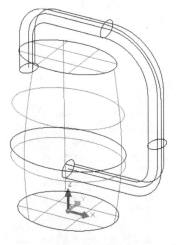

图 3-56　绘制导动面

图 3-57　曲面裁剪

11）单击"直线" ／图标，在"立即"菜单中选择"两点线"→"单个"→"非正交"方式，按<Enter>键输入第一点坐标"-230，0，200"，再按<Enter>键输入第二点坐标"-60，0，70"，右击确认绘制出壶嘴的导动线，结果如图 3-58 所示。

12）按<F9>键将绘图平面切换到 YOZ 平面，单击"椭圆" ◯ 图标，在壶嘴导动线的下端点绘制椭圆，椭圆的长半轴为 15、短半轴为 25，在壶嘴导动线的上端点绘制 φ20 的圆，结果如图 3-59 所示。

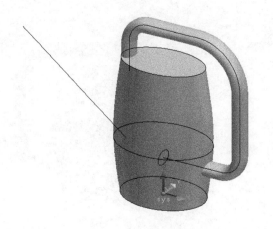

图 3-58　绘制导动线

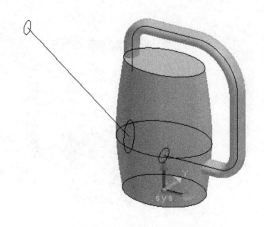

图 3-59　绘制截面曲线

13）按<F7>键显示 XOZ 平面，单击"直线" ／图标，选择"两点线"→"单个"→"正交"→"点方式"，单击导动线上端点作为第一点，再向上单击第二点，绘制出一条铅垂线。然后选择"切线/法线"→"法线"，长度输入"100"，按提示拾取导动线，单击导动线上端点作为法线中点，绘制出导动线的法线，结果如图 3-60 所示。

14）在菜单栏中单击"工具"→"查询"→"角度"命令，按提示拾取刚绘制的铅垂线和法线，在属性栏中显示"补角度值"为"37.405357"，右击"补角度值"做"数据拷贝"，结果如图 3-61 所示。

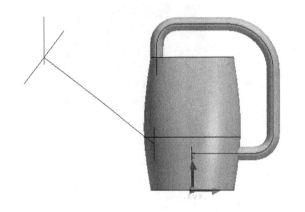

图 3-60　绘制铅垂线和法线　　　　　　　　　图 3-61　查询角度

15）单击"平面旋转" 图标，在"立即"菜单中选择"固定角度"→"移动"，在"角度＝"框中输入"−37.405357"，按状态栏中的提示单击小圆圆心作为旋转中心，拾取小圆截面，右击确认完成，小圆截面被旋转至与导动线垂直的位置。按<F8>键，并旋转视图至合适的位置以便于观察，结果如图 3-62 所示。

16）单击"删除" 图标，删除绘制的辅助直线，即铅垂线和法线，结果如图 3-63 所示。

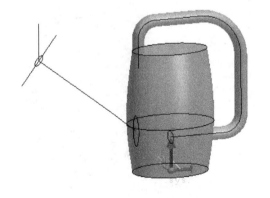

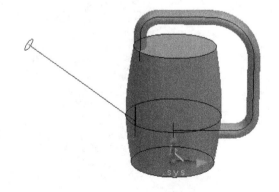

图 3-62　平面旋转　　　　　　　　　　　图 3-63　删除多余线

17）单击"导动面" 图标，在"立即"菜单中选择"固接导动"→"双截面线"，按状态栏中的提示分别拾取直线为导动线，拾取圆和椭圆两条截面线（注意单击两线的对应位置），画出壶嘴，结果如图 3-64 所示。

18）单击"曲面裁剪" 图标，在"立即"菜单中选择"面裁剪"→"裁剪"→"相互裁剪"，按提示拾取壶嘴与壶体对应的部分，剪去多余的曲面部分。单击"删除" 图标，删除绘制的辅助曲线，浇水壶最终绘制结果如图 3-65 所示。

图 3-64　绘制导动面　　　　　　　　　　　　图 3-65　浇水壶最终绘制结果

【拓展训练】

完成图 3-66、图 3-67 所示图形的曲面造型。

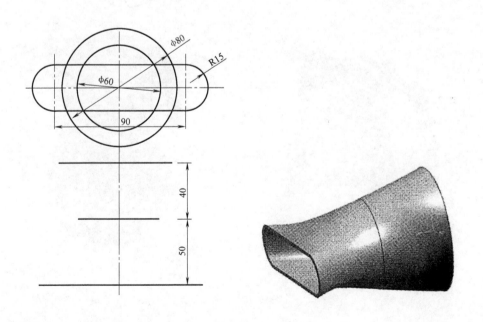

图 3-66　练习题（一）

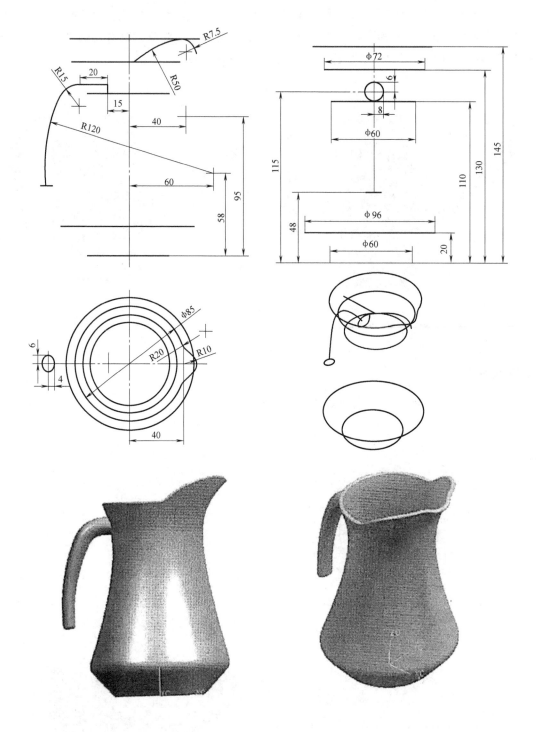

图 3-67　练习题（二）

项目4

实体特征造型

【学习目标】

1. 掌握基准面的选择及草图的绘制方法。
2. 掌握常见实体特征的构建方法。
3. 能够正确、合理地选择实体特征造型的各种方法。
4. 能够解决实际建模操作中的问题。

【知识储备】

实体造型技术是计算机辅助设计领域中的关键技术，它是一种产品制造全过程中用于描述信息和信息关系的产品数字建模方法。特征造型是 CAXA 制造工程师软件的重要组成部分，它采用精确的实体特征造型技术，完全抛弃了传统的体素合并和交并差的烦琐方式，将设计信息用特征术语来描述，使整个设计过程直观、简单、准确。

通常的特征包括孔、槽、型腔、点、凸台、圆柱体、块、锥体、球体、管等，CAXA 制造工程师软件可以方便地建立和管理这些特征信息。CAXA 制造工程师 2015 实体造型命令及使用方法见表 4-1。在本项目中将通过实例详细介绍各种实体的造型方法。

表 4-1 实体造型命令及使用方法

命令	功　能	图　例	注意事项
拉伸增料	将一个轮廓曲线根据指定的距离做拉伸操作，用以生成一个增加材料的特征。拉伸增料特征分为实体特征和薄壁特征		在进行"双面拉伸"时，拔模斜度不可用

（续）

命令	功能	图例	注意事项
拉伸除料	将一个轮廓曲线根据指定的距离做拉伸操作,用以生成一个减去材料的特征		在进行"双面拉伸"时,拔模斜度不可用。在进行"拉伸到面"时,要使草图能够完全投影到这个面上,如果面的范围比草图小,会产生操作失败 在进行"拉伸到面"时,深度和反向拉伸不可用。在进行"贯穿"时,深度、反向拉伸和拔模斜度不可用
旋转增料	通过围绕一条空间直线旋转一个或多个封闭轮廓,增加生成一个特征		轴线是空间曲线,需要退出草图状态后绘制
旋转除料	通过围绕一条空间直线旋转一个或多个封闭轮廓,移除生成一个特征	固定深度 固定深度 双向拉伸 拉伸到面	轴线是空间曲线,需要退出草图状态后绘制
放样增料	根据多个截面线轮廓生成一个实体		截面线应为草图轮廓 轮廓按照操作中的拾取顺序排列 拾取轮廓时,要注意状态栏指示,拾取不同的边、不同的位置,会产生不同的结果

（续）

命 令	功 能	图 例	注 意 事 项
放样除料	根据多个截面线轮廓移出一个实体		截面线应为草图轮廓 轮廓按照操作中的拾取顺序排列 拾取轮廓时，要注意状态栏指示，拾取不同的边、不同的位置，会产生不同的结果
导动增料	将某一截面曲线或轮廓线沿着另外一条轨迹线运动生成一个特征实体		截面线应为封闭的草图轮廓 导动方向和导动线链搜索方向选择要正确 导动的起始点必须在截面草图平面上 导动线可以是多段曲线组成，但是曲线间必须是光滑过渡
导动除料	将某一截面曲线或轮廓线沿着另外一条轨迹线运动移出一个特征实体		截面线应为封闭的草图轮廓 导动方向和导动线链搜索方向选择要正确 导动的起始点必须在截面草图平面上 导动线可以是多段曲线组成，但是曲线间必须是光滑过渡
曲面加厚增料	对指定的曲面按照给定的厚度和方向进行生成实体		加厚方向选择要正确
曲面加厚除料	对指定的曲面按照给定的厚度和方向进行移出特征修改		加厚方向选择要正确 应用曲面加厚除料时，实体应至少有一部分大于曲面。若曲面完全大于实体，系统会提示特征操作失败 曲面填充减料中曲面必须使用封闭的曲面
曲面裁剪除料	用生成的曲面对实体进行修剪，去掉不需要的部分		加厚方向选择要正确 在特征树中，右击"曲面裁剪"，然后单击"修改特征"，弹出的对话框中增加了"重新拾取曲面"的按钮，可以以此来重新选择裁剪所用的曲面

（续）

命令	功 能	图 例	注 意 事 项
过渡	过渡是指以给定半径或半径规律在实体间做光滑过渡		在进行变半径过渡时,只能拾取边,不能拾取面。变半径过渡时,注意控制点的顺序 在使用过渡面后退功能时,过渡边不能少于3条且有公共点
倒角	倒角是指对实体的棱边进行光滑过渡		两个平面的棱边才可以倒角
打孔	打孔指在平面上直接去除材料生成各种类型的孔		通孔时,深度不可用。指定孔的定位点时,单击平面后按<Enter>键,可以输入打孔位置的坐标值
拔模	保持中性面与拔模面的交轴不变(即以此交轴为旋转轴),对拔模面进行相应拔模角度的旋转操作		拔模角度不要超过合理值
抽壳	根据指定壳体的厚度将实心物体抽成内空的薄壳体		抽壳厚度要合理

（续）

命　令	功　　能	图　　例	注意事项
筋板	在指定位置增加加强筋		加固方向应指向实体,否则操作失败 草图形状可以不封闭
线性阵列	通过线性阵列可以沿一个方向或多个方向快速进行特征的复制		如果特征 A 附着（依赖）于特征 B,当阵列特征 B 时,特征 A 不会被阵列 两个阵列方向都要选取
环形阵列	绕某基准轴旋转将特征阵列为多个特征,构成环形阵列		基准轴应为空间直线 如果特征 A 附着（依赖）于特征 B,当阵列特征 B 时,特征 A 不会被阵列
构造基准面	基准平面是草图和实体赖以生存的平面,它的作用是确定草图在哪个基准面上绘制。基准面可以是特征树中已有的坐标平面,也可以是实体中生成的某个平面,还可以是通过某个特征构造出的面		拾取时要满足各种不同构造方法给定的拾取条件
型腔	以零件为型腔生成包围此零件的模具		收缩率介于−20%～20%之间

（续）

命 令	功 能	图 例	注 意 事 项
分模	型腔生成后,通过分模使模具按照给定的方式分成几个部分		模具必须位于草图的基准面一侧,而且草图的起始位置必须位于模具投影到草图基准面的投影视图的外部 草图分模的草图线两两相交之处,在输出视图时会出现一直线,便于确定分模的位置
实体布尔运算	布尔运算是将另一个实体并入,与当前零件实现交、并、差的运算		采用"抬取定位的 X 轴"方式时,轴线为空间直线 选择文件时,注意文件的类型,不能直接输入 *.epb 文件,应先将零件存成 *.X_T 文件,然后进行布尔运算。进行布尔运算时,基体尺寸应比输入的零件稍大

任务4.1　耳形轮廓的实体造型

【任务描述】

完成图 4-1 所示耳形轮廓的实体造型，完成该任务需要运用之前所学的二维图形绘制方法，掌握实体造型所用到的草图创建方法、拉伸增料、拉伸除料等命令的相关知识。

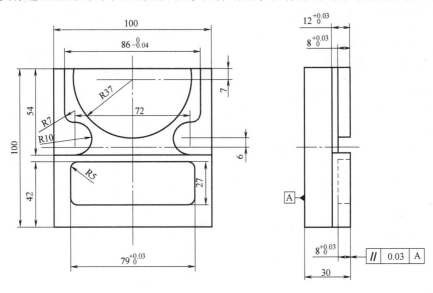

图 4-1　耳形轮廓

【任务分析】

由图 4-1 所示可知,首先以 XOY 平面作为基准面创建草图,绘制底板草图并拉伸增料;再在底板上表面的基础上依次创建草图绘制二维图形,将三个凸台分别进行拉伸增料;最后在凸台的上表面创建草图,绘制矩形槽二维图形进行拉伸除料,完成耳形轮廓的实体造型。

【任务实施】

1)启动 CAXA 制造工程师软件,选择"创建一个新的制造文件",单击"确定"按钮,将软件打开。

2)在特征管理栏中右击"平面 XY",然后单击"创建草图",如图 4-2 所示,单击"矩形" 图标,选择"中心_ 长_ 宽"方式,长输入"100"、宽输入"100",选择原点作为中心,右击确认,结果如图 4-3 所示。

图 4-2　创建草图

图 4-3　绘制矩形

3)单击"拉伸增料" 图标,选择"固定深度"方式,在深度栏输入"18",选择拉伸为"实体特征",单击"确定"按钮,按<F8>键显示轴侧图,结果如图 4-4 所示。

图 4-4　"拉伸增料"对话框及设计结果

图 4-5　创建草图

4)单击底板上表面,右击选择"创建草图"命令,如图 4-5 所示。按<F5>键显示草图平面,单击"曲线投影" 图标,拾取底板上表面 4 个边作为草图曲线边,右击后结束。单击"等距线" 图标,在距离栏输入"54",拾取上边一条直线作为等距线,等距方向选择向下，右击完成等距线的绘制。使用"曲线裁剪"命令和"删除"命令裁剪和删除多余线段，最终绘图结果如图4-6所示。

5）单击"拉伸增料"  图标，选择"固定深度"方式，在深度栏输入"12"，拉伸为"实体特征"，单击"确定"按钮，按<F8>键显示轴侧图，结果如图4-7所示。

6）单击底板上表面，右击选择"创建草图"命令，如图4-8所示。按<F5>键显示草图平面，分别使用"曲线投影""直线""等距线""整圆""曲线裁剪""删除""镜像"命令绘制耳形轮廓的草图曲线，最终结果如图4-9所示。

图 4-6 绘制矩形

图 4-7 "拉伸增料"对话框及设计结果

图 4-8 创建草图

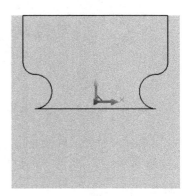

图 4-9 绘制耳形轮廓

7）单击"拉伸增料"图标 ，选择"固定深度"方式，在深度栏输入"4"，拉伸为"实体特征"，单击"确定"按钮，按<F8>键显示轴侧图，结果如图4-10所示。

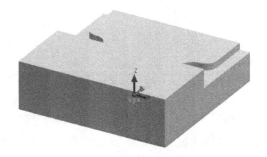

图 4-10 "拉伸增料"对话框及设计结果

8）单击耳形台上表面，右击选择"创建草图"命令，如图 4-11 所示。按<F5>键显示草图平面，分别使用"曲线投影""直线""等距线""整圆""曲线裁剪""删除"命令绘制圆弧曲线，最终结果如图 4-12 所示。

9）单击"拉伸增料" 图标，选择"固定深度"方式，在深度栏输入"8"，拉伸为"实体特征"，单击"确定"按钮，按<F8>键显示轴侧图，结果如图 4-13 所示。

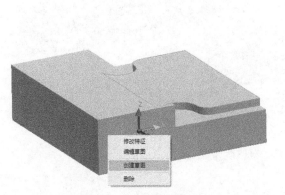

图 4-11　创建草图

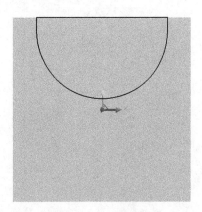

图 4-12　绘制圆弧

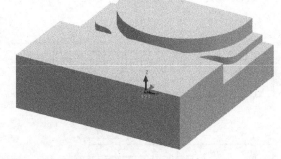

图 4-13　"拉伸增料"对话框及设计结果

10）单击矩形台上表面，右击选择"创建草图"命令，如图 4-14 所示。按<F5>键显示草图平面，分别使用"曲线投影""直线""等距线""曲线过渡""删除"命令绘制矩形，最终结果如图 4-15 所示。

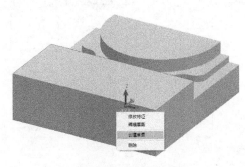

图 4-14　创建草图

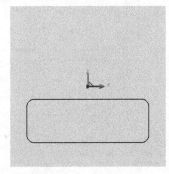

图 4-15　绘制矩形

11）单击"拉伸除料"图标，选择"固定深度"方式，在深度栏输入"8"，拉伸为
"实体特征"，单击"确定"按钮，按<F8>键显示轴侧图，结果如图4-16所示。

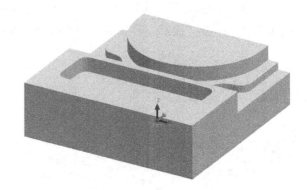

图4-16 "拉伸除料"对话框及设计结果

【拓展训练】

完成图4-17~图4-20所示图形的实体造型。

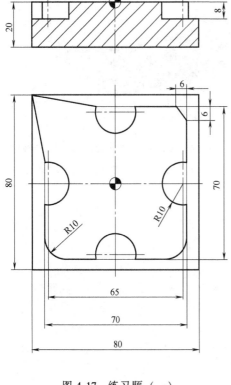

图4-17 练习题（一）

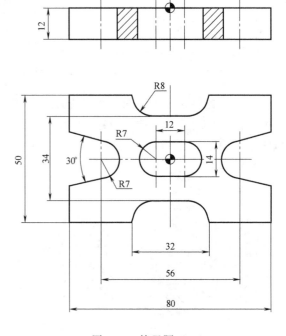

图4-18 练习题（二）

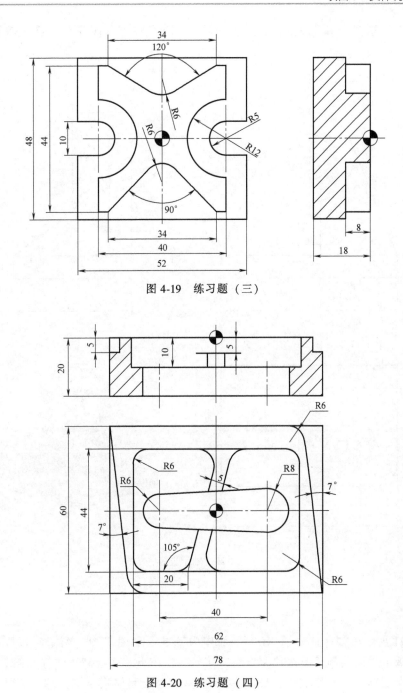

图 4-19 练习题（三）

图 4-20 练习题（四）

任务 4.2 轴承支座的实体造型

【任务描述】

完成图 4-21 所示轴承支座的实体造型，完成该任务需要运用之前所学二维图形的绘制方法，掌握实体造型所用到的草图创建方法、拉伸增料、拉伸除料、筋板等命令的相关知识。

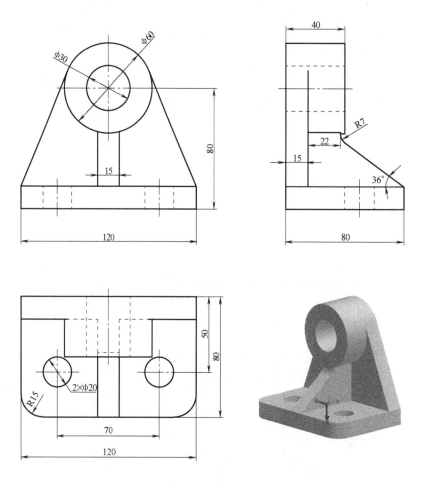

图 4-21　轴承支座

【任务分析】

由图 4-21 所示可知，首先以 XOY 平面作为基准面创建草图，绘制底板草图并拉伸增料；再在底板下表面绘制草图并拉伸增料；接着在实体下表面绘制草图并拉伸增料；继续在实体下表面绘制草图并拉伸增料；最后在 YOZ 基准面绘制筋板草图，用筋板特征完成轴承支座的实体造型。

【任务实施】

1）启动 CAXA 制造工程师软件，选择"创建一个新的制造文件"，单击"确定"按钮，将软件打开。

2）在特征管理栏中右击"平面 XY"，然后单击"创建草图"，如图 4-22 所示，使用"矩形""整圆""曲线过渡"命令绘制底板图形，结果如图 4-23 所示。

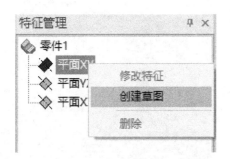

图 4-22　创建草图

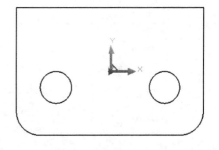

图 4-23　绘制底板草图

3）单击"拉伸增料" 图标，选择"固定深度"方式，在深度栏输入"15"，拉伸为"实体特征"，单击"确定"按钮，按<F8>键显示轴侧图，结果如图 4-24 所示。

4）单击底板下表面，右击选择"创建草图"命令，如图 4-25 所示。按<F5>键显示草图平面，分别使用"曲线投影""整圆""直线""曲线裁剪"命令绘制草图，最终结果如图 4-26 所示。

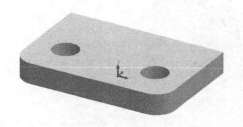

图 4-24　"拉伸增料"对话框及设计结果

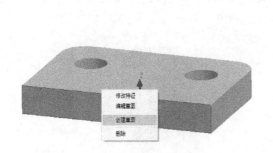

图 4-25　创建草图

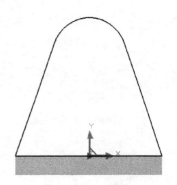

图 4-26　绘制草图

5）单击"拉伸增料" 图标，选择"固定深度"方式，在深度栏输入"15"，勾选"反向拉伸"选项，拉伸为"实体特征"，单击"确定"按钮，结果如图 4-27 所示。

图 4-27　"拉伸增料"对话框及设计结果

6）单击底板下表面，右击选择"创建草图"命令，如图 4-28 所示。使用"整圆"命令绘制直径为 60 的圆，结果如图 4-29 所示。

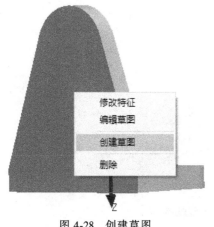

图 4-28　创建草图

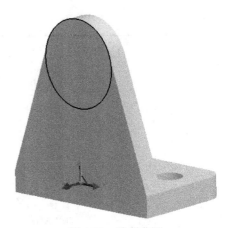

图 4-29　绘制草图

7）单击"拉伸增料" 图标，选择"固定深度"方式，在深度栏输入"40"，勾选"反向拉伸"选项，拉伸为"实体特征"，单击"确定"按钮，结果如图 4-30 所示。

图 4-30　"拉伸增料"对话框及设计结果

8）单击底板下表面，右击选择"创建草图"命令，如图 4-31 所示。使用"整圆"命令绘制直径为 30 的圆，结果如图 4-32 所示。

图 4-31　创建草图

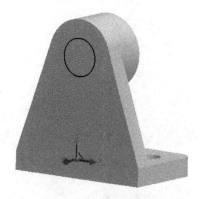

图 4-32　绘制草图

9）单击"拉伸除料" 图标，选择"贯穿"方式，拉伸为"实体特征"，单击"确定"按钮，结果如图 4-33 所示。

10）在特征管理栏中右击"平面 YZ"，然后单击"创建草图"，单击"直线" 图标，选择"两点线"→"单个"→"正交"→"长度"方式，在长度栏输入"35"，按空格键选择"中点"，单击底板上表面边缘，按空格键选择"缺省点"，单击后结果如图 4-34 所示。

图 4-33　"拉伸除料"对话框及设计结果

11）使用"等距线"命令，在距离栏输入"43"，拾取刚画的直线，选择向内的箭头方向，结果如图 4-35 所示。

12）单击"直线" 图标，选择"角度线"→"X 轴角度"方式，在角度栏中输入"-36"，选择刚画好的直线端点，长度自定，右击确认，结果如图 4-36 所示。

13）单击"曲线过渡" 图标，设置圆角半径为"7"，单击要倒圆角的两条直线后完成操作，使用"删除"命令删除多余的线条，结果如图 4-37 所示。

图 4-34　绘制直线

图4-35 绘制等距线

图4-36 绘制角度线

图4-37 曲线过渡

14）单击"筋板" 图标，选择"双向加厚"方式，在厚度栏输入"15"，勾选"加固方向反向"选项，单击"确定"按钮，结果如图4-38所示。

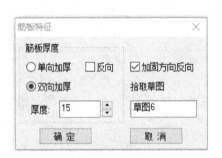

图4-38 "筋板特征"对话框及设计结果

【拓展训练】

完成图4-39～图4-42所示图形的实体造型。

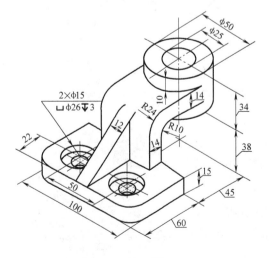
图4-39 练习题（一）

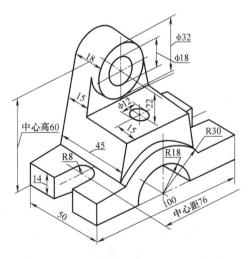
图4-40 练习题（二）

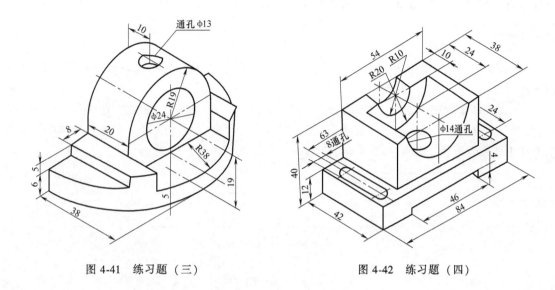

图 4-41 练习题（三）   图 4-42 练习题（四）

任务 4.3 螺杆的实体造型

【任务描述】

完成图 4-43 所示螺杆的实体造型，完成该任务需要运用之前所学二维图形的绘制方法，掌握实体造型所用到的草图创建方法、旋转增料、倒角、导动除料、公式曲线等命令的相关知识，正确理解和设置公式曲线中的相关参数。

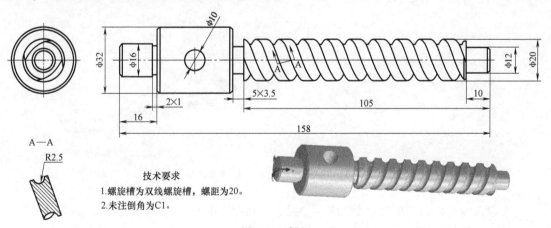

图 4-43 螺杆

【任务分析】

由图 4-43 所示可知，螺杆为回转类零件，先使用"旋转增料"命令创建螺杆实体，再分别使用"倒角"命令和"拉伸除料"命令对螺杆进行倒角和生成贯穿孔，最后用"公式曲线"命令绘制螺旋槽导动线，建立草图平面绘制槽底圆弧草图，先使用"导动除料"命令再使用"环形阵列"命令完成两条螺旋槽的绘制。

【任务实施】

1）启动 CAXA 制造工程师软件，选择"创建一个新的制造文件"，单击"确定"按钮，将软件打开。

2）在特征管理栏中右击"平面 XY"，然后单击"创建草图"，使用"直线命令"选择"两点线"→"连续"→"正交"→"长度方式"，根据图样尺寸，在"长度"栏输入相关数值绘制螺杆主体部分草图，结果如图 4-44 所示。

图 4-44　绘制草图

3）在状态工具栏中单击"绘制草图"  图标，退出草图状态。使用"直线"命令，在 X 轴方向上绘制任意长度正交直线作为轴线，结果如图 4-45 所示。

图 4-45　绘制直线

4）单击特征生成栏中的"旋转增料" 图标，选择"单向旋转"方式，在角度栏输入"360"，拾取草图和轴线，单击"确定"按钮，结果如图 4-46 所示。

图 4-46　"旋转增料"对话框及设计结果

5）单击特征生成栏中的"倒角" 图标，在距离栏输入"1"，在角度栏输入"45"，拾取要倒角的棱线，单击"确定"按钮，结果如图 4-47 所示。

6）在特征管理栏中右击"平面 XY"，然后单击"创建草图"，按<F5>键显示草图平面，使用"整圆"命令绘制直径为 10 的圆，结果如图 4-48 所示。

7）单击"拉伸除料" 图标，选择"贯穿"方式，拉伸为"实体特征"，单击"确定"按钮，结果如图 4-49 所示。

8）单击"公式曲线" f(x) 图标，在弹出的"公式曲线"对话框中选择"三维螺旋

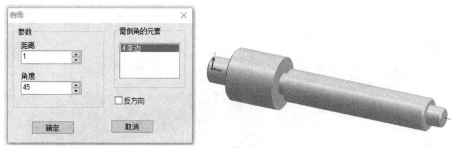

图 4-47　"倒角"对话框及设计结果

线"→"直角坐标系"→"角度"方式,在起始值
栏输入"0",在终止值栏输入"1800",在当前
公式栏 X(t) 中输入"20 * t/360+50.5",Y(t)
中输入"10 * cos(t)",Z(t)中输入"10 * sin
(t)",如图 4-50 所示。单击"确定"按钮,拾
取坐标原点为曲线定位点,结果如图 4-51 所示。

图 4-48　绘制草图

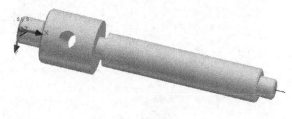

图 4-49　"拉伸除料"对话框及设计结果

图 4-50　"公式曲线"对话框

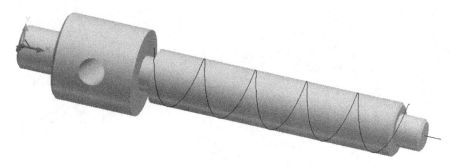

图 4-51　生成螺旋线

9）单击"构造基准面" 图标，在构造方法栏选择"过点且垂直于曲线确定基准平面"方式，分别拾取螺旋线和螺旋线的起始点，单击"确定"按钮，结果如图 4-52 所示。

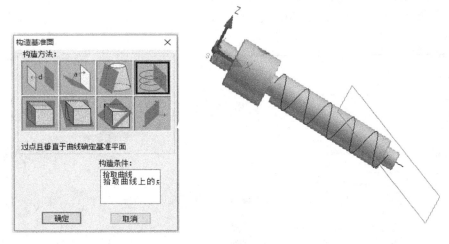

图 4-52　构造基准面

10）在特征管理栏中右击"平面 3"，然后单击"创建草图"，如图 4-53 所示，使用"整圆"命令，拾取螺旋线的起始点作为圆心，在半径栏输入"2.5"，完成槽底圆弧草图的绘制，结果如图 4-54 所示。

图 4-53　创建草图

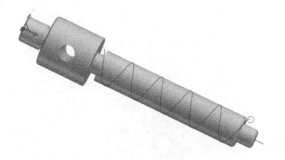

图 4-54 绘制草图

11）单击"导动除料" 图标，选择"固接导动"方式，先拾取轨迹线（已绘制的螺旋线），选择"链搜索方向"，右击结束；再拾取草图（整圆），单击"确定"按钮完成操作，结果如图 4-55 所示。

图 4-55 "导动除料"对话框及设计结果

12）单击"环形阵列" 图标，选择"阵列对象"→"边/基准轴"方式，在角度输入"180"，在数目栏输入"2"，勾选"自身旋转"选项，选择"组合阵列"方式，先拾取特征管理树中已生成的"导动除料"特征作为阵列对象，再单击对话框中"选择旋转轴"后，拾取 X 轴上的直线段作为旋转轴，单击"确定"按钮完成操作，最后删除多余曲线，最终结果如图 4-56 所示。

图 4-56 "环形阵列"对话框及设计结果

【拓展训练】

完成图 4-57、图 4-58 所示图形的实体造型。

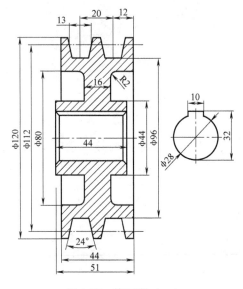

图 4-57　练习题（一）

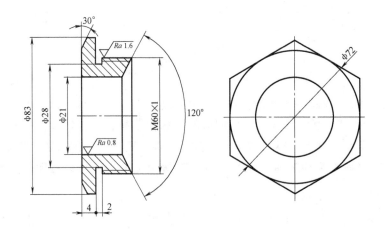

图 4-58　练习题（二）

任务 4.4　叶轮的实体造型

【任务目标】

完成图 4-59 所示叶轮的实体造型，完成该任务需要运用之前所学二维图形的绘制方法，掌握实体造型所用到的草图创建方法、旋转增料、倒角、导动增料、公式曲线等命令的相关知识，正确理解和设置公式曲线中的相关参数。

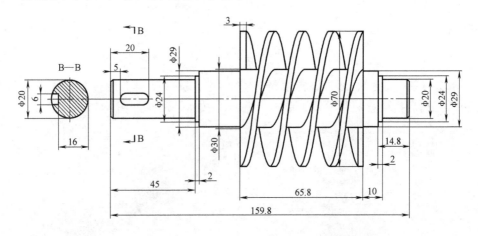

技术要求
1. 未注倒角为C1。
2. 叶轮由两个均布叶片组成。
3. 叶片中心螺旋线螺距为31.4，角度在0～720°内变化。

图 4-59 叶轮

【任务分析】

由图 4-59 所示可知，叶轮为回转类零件，先使用"旋转增料"命令创建叶轮实体，再分别使用"倒角"命令和"拉伸除料"命令对叶轮进行倒角和生成键槽，最后用"公式曲线"命令绘制叶片导动线，建立草图平面绘制叶片截面草图，先使用"导动增料"命令再使用"环形阵列"命令完成两个叶片的绘制。

【任务实施】

1）启动 CAXA 制造工程师软件，选择"创建一个新的制造文件"，单击"确定"按钮，将软件打开。

2）在特征管理栏中右击"平面 XY"，然后单击"创建草图"，使用"直线命令"，选择"两点线"→"连续"→"正交"→"长度方式"，根据图样尺寸，在长度栏里输入相关数值绘制叶轮主体部分草图，结果如图 4-60 所示。

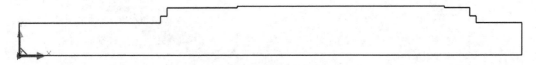

图 4-60 绘制草图

3）在状态工具栏中单击"绘制草图" ✐图标，退出草图状态。使用"直线"命令，在 X 轴方向上绘制任意长度正交直线作为轴线，结果如图 4-61 所示。

图 4-61　绘制直线

4）单击特征生成栏中的"旋转增料" 图标，选择"单向旋转"方式，在角度栏输入"360 "，然后拾取草图和轴线，单击"确定"按钮，结果如图 4-62 所示。

图 4-62　"旋转增料"对话框及设计结果

5）单击特征生成栏中的"倒角" 图标，在距离栏输入"1"，在角度栏输入"45"，拾取要倒角的棱线，单击"确定"按钮，结果如图 4-63 所示。

图 4-63　"倒角"对话框及设计结果

6）单击"构造基准面" 图标，选择"等距平面确定基准平面"方式，距离输入"6"，勾选"向相反方向"选项，单击"特征管理栏"中的"平面 XZ"，单击"确定"按钮完成操作，结果如图 4-64 所示。

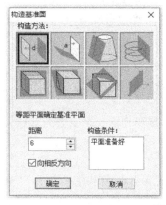
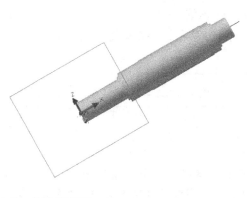

图 4-64　构造基准面

7）在特征管理栏中右击"平面3"，然后单击"创建草图"，如图4-65所示，使用"整圆""直线"等命令绘制键槽草图，结果如图4-66所示。

图4-65　创建草图

图4-66　绘制草图

8）单击"拉伸除料"图标，选择"固定深度"方式，在深度栏输入"10"，拉伸为"实体特征"，单击"确定"按钮，结果如图4-67所示。

图4-67　"拉伸除料"对话框及设计结果

9）单击"公式曲线" $f(x)$ 图标，在弹出的"公式曲线"对话框中选择"三维螺旋线"→"直角坐标系"→"角度"方式，在角度起始值栏输入"0"，在角度终止值栏输入"720"，在当前公式"X(t)"中输入"31.4 * t/360 + 70.7"，"Y(t)"中输入"35 * sin(t)"，"Z(t)"中输入"35 * cos(t)"，如图4-68所示。单击"确定"按钮，拾取坐标原点作为曲线定位点，结果如图4-69所示。

10）在特征管理栏中右击"平面XZ"，然后单击"创建草图"，绘制叶片截面草图，结果如图4-70所示。

11）单击"导动增料"图标，选择"固接导动"方式，先拾取轨迹线（已绘制的螺旋线），选择"链搜索方向"，右击结束；再拾取叶片截面草图，单击"确定"按钮完成操作，结果如图4-71所示。

12）单击"环形阵列"图标，选择"阵列对象"→"边/基准轴"方式，在角度栏输入"180"，在数目栏输入"2"，勾选"自身旋转"选项，选择"组合阵列"方式，先拾取特征管理树中已生成的"导动增料"特征作为阵列对象，再单击对话框中"选择旋转轴"后，拾取X轴上的直线段作为旋转轴，单击"确定"按钮完成操作，最后删除多余曲线，最终结果如图4-72所示。

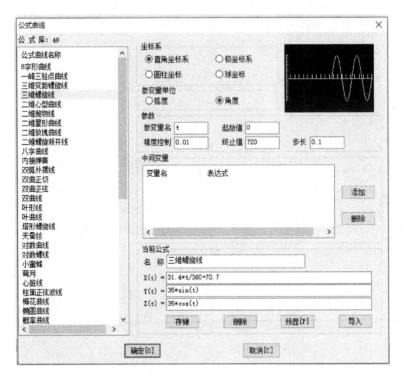

图 4-68 "公式曲线"对话框

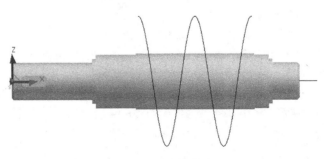

图 4-69 生成螺旋线

图 4-70 绘制叶片截面草图

图4-71　"导动增料"对话框及设计结果

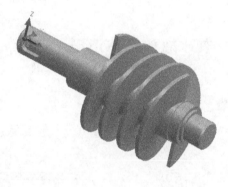

图4-72　"环形阵列"对话框及设计结果

【拓展训练】

完成图4-73所示图形的实体造型。

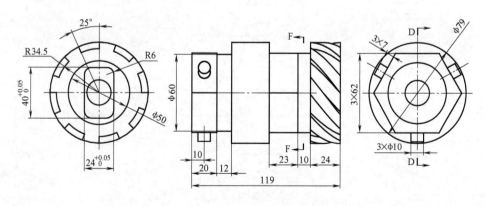

图4-73　练习题

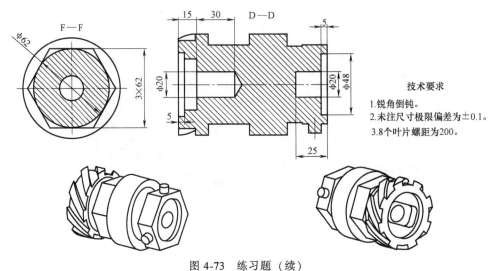

图 4-73　练习题（续）

任务4.5　香水瓶的实体造型

【任务描述】

完成图 4-74 所示香水瓶的实体造型，完成该任务需要运用之前所学二维图形的绘制方

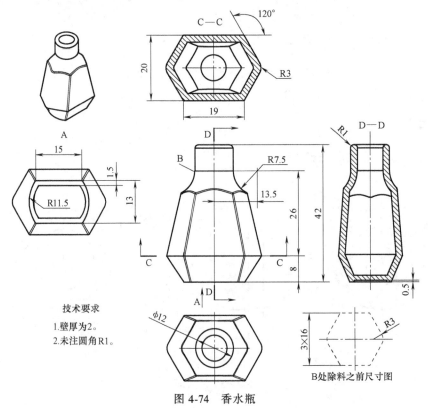

图 4-74　香水瓶

法，掌握实体造型所用到的草图创建方法、拉伸增料、拉伸除料、旋转除料、放样增料、抽壳、过渡等命令的相关知识。

【任务分析】

由图 4-74 所示可知，先在草图方式下绘制 3 个截面，利用这 3 个截面进行"放样增料"做出瓶身主体部分；然后在瓶身上表面拉伸圆柱体；瓶颈部分利用"旋转除料"命令做出大致形状；最后对瓶身进行抽壳及圆角过渡处理；瓶底利用"拉伸除料"命令，即可完成对香水瓶的实体造型。

【任务实施】

1）启动 CAXA 制造工程师软件，选择"创建一个新的制造文件"，单击"确定"按钮，将软件打开。

2）在特征管理栏中右击"平面 XY"，然后单击"创建草图"，如图 4-75 所示。使用"矩形"命令，选择以"中心_ 长_ 宽"的方式绘图，长输入"15"、宽输入"13"，选择原点作为中心，右击确认，结果如图 4-76 所示。

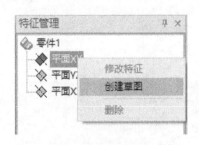

图 4-75　创建草图

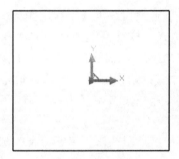

图 4-76　绘制矩形

3）单击"圆弧"命令，选择"两点_ 半径"方式，分别选择上、下两直线段端点并输入半径"11.5"，然后删除矩形左、右两条边，最后在状态工具栏中单击"绘制草图" 图标，退出草图状态，结果如图 4-77 所示。

4）单击特征生成栏中的"构造基准面" ◈ 图标，选择"等距平面"，输入距离"8"，构造条件选择"平面 XY"，单击"确定"按钮，完成辅助基准平面 4 的构造，结果如图 4-78 所示。

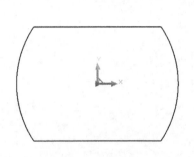

图 4-77　绘制圆弧

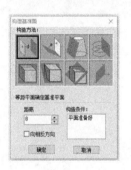

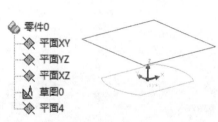

图 4-78　构造基准平面

5）右击平面4选择"创建草图"，按<F5>键，然后使用"矩形"命令，选择以"中心_长_宽"的方式绘图，长输入"19"、宽输入"20"，选择原点作为中心，右击确认。删除左、右两条边，再使用"直线"命令，选择"角度线"→"X轴夹角"，分别输入角度"60"和"-60"，按提示绘制两条角度线，结果如图4-79所示。

6）使用"曲线过渡"命令，设置圆角半径为"3"，选择"裁剪曲线1"→"裁剪曲线2"，单击要倒圆角的两条直线完成操作，结果如图4-80所示。

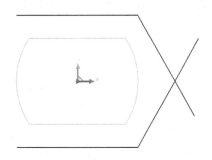

图4-79　绘制两条角度线

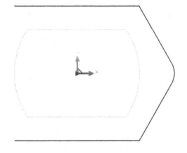

图4-80　曲线过渡

7）单击"曲线组合" 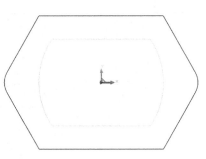 图标，选择"删除原曲线"方式，按空格键选择"单个拾取"命令，依次选取右边的3段曲线，右击确认。然后使用"平面镜像"命令，选择上、下两条边的中点作为镜像线的首末点，拾取已组合的曲线，右击确认，结果如图4-81所示。

8）退出草图状态，单击特征生成栏中的"构造基准面" 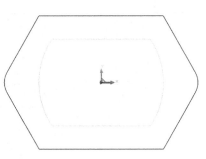 图标，选择"等距平面"，在距离栏中输入"34"，构造条件选择"平面XY"，单击"确定"按钮，完成辅助基准平面5的构造，然后右击"平面5"，选择"创建草图"，结果如图4-82所示。

图4-81　曲线组合及镜像

9）使用"正多边形"命令，选择"中心"→"外切"，在边数栏中输入"6"，单击原点作为中心，按<Enter>键输入"8"，右击确认，结果如图4-83所示。

图4-82　创建草图

图4-83　绘制正六边形

10）使用"平面旋转"命令，选择"固定角度"→"移动"，角度输入"30"，单击原点作为旋转中心，拾取正六边形，右击确认，结果如图4-84所示。

11）使用"曲线过渡"命令，设置圆角半径为"3"，选择"裁剪曲线1"→"裁剪曲线2"，单击要倒圆角的两条直线完成操作，结果如图4-85所示。

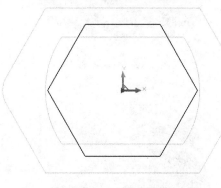

图4-84　平面旋转

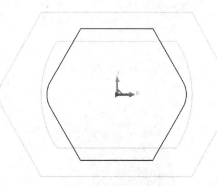

图4-85　曲线过渡

12）单击"曲线组合" 图标，选择"删除原曲线"方式，按空格键选择"单个拾取"命令，然后依次选取左边的3段曲线，右击确认，同理组合右侧的3段曲线，并退出草图状态，结果如图4-86所示。

13）单击"放样增料" 图标，单击"草图0"→"草图1"，注意在拾取草图时边要对应，以免发生扭曲，结果如图4-87所示。

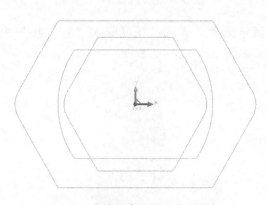

图4-86　曲线组合并退出草图状态

图4-87　放样增料

14）右击已创建的实体上表面选择"创建草图"，如图4-88所示。单击"曲线投影" 图标，选择上表面的边缘，右击确认，将4条线投影到当前草图3中，单击状态工具栏中的"绘制草图"图标，退出草图状态，结果如图4-89所示。

15）单击"放样增料" 图标，单击"草图3"→"草图4"，注意在拾取草图时边要对应，以免发生扭曲，结果如图4-90所示。

16）右击实体上表面选择"创建草图"，如图4-91所示。使用"整圆"命令，以"圆心_半径"的方式画圆，单击原点作为圆心，按<Enter>键后输入半径"6"，右击结束，完

图 4-88　创建草图

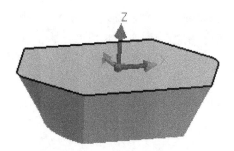

图 4-89　曲线投影

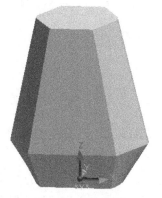

图 4-90　放样增料

图 4-91　创建草图

成圆的绘制，如图 4-92 所示。

17）单击"拉伸增料" 图标，选择"固定深度"方式，深度输入"8"，拉伸为"实体特征"，单击"确定"按钮，结果如图 4-93 所示。

图 4-92　绘制圆

图 4-93　拉伸增料

18）按<F7>键，右击"平面 XZ"，然后单击"创建草图"，使用"整圆"命令，以"圆心＿半径"的方式画圆，输入圆心坐标"34，13.5"，按<Enter>键后输入半径"7.5"，右击确认，完成圆的绘制，结果如图 4-94 所示。

19）单击状态工具栏中的"绘制草图"　图标，退出草图状态。单击"直线"命令，选择"两点线"→"单个"→"正交"→"点方式"，单击原点画出一条长度自定的空间铅垂线作为旋转除料的轴线，结果如图 4-95 所示 。

图 4-94　绘制圆

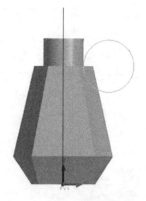

图 4-95　绘制轴线

20）单击特征生成栏中的"旋转除料" 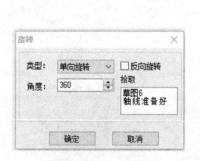图标，选择"单向旋转"方式，在角度栏输入"360"，抬取草图和轴线，单击"确定"按钮，结果如图4-96所示。

图 4-96　"旋转除料"对话框及设计结果

21）单击"抽壳" 图标，在厚度栏输入"2"，在"需抽去的面"中选择小花瓶的上表面，单击"确定"按钮，结果如图4-97所示。

22）单击"过渡" 图标，输入半径"1"，抬取瓶口的两条棱线，单击"确定"按钮，结果如图4-98所示。

图 4-97　"抽壳"对话框及设计结果

图 4-98　圆角过渡

23）右击实体底部选择"创建草图"，如图 4-99 所示，单击"相关线" 图标，选择"实体边界"，单击瓶底的 4 条边，右击确认，生成图 4-100 所示的图形。使用"等距线"命令，在距离栏输入"1.5"，拾取刚生成的 4 条相关线，选择向内箭头，完成等距线的绘制；使用"曲线裁剪"命令和"删除"命令裁剪和删除多余线条，结果如图 4-101 所示。

　　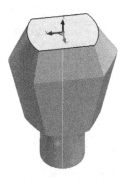　　

图 4-99　创建草图　　　　　图 4-100　相关线　　　　　图 4-101　等距曲线

24）单击"拉伸除料" 图标，选择"固定深度"方式，深度输入"0.5"，拉伸为"实体特征"，拾取刚绘制的图形，单击"确定"按钮，结果如图 4-102 所示。

图 4-102　"拉伸除料"对话框及设计结果

25）单击"过渡" 图标，输入半径"0.5"，拾取香水瓶的各棱线，单击"确定"按钮。选择轴线，右击选择"隐藏"命令，结果如图 4-103 所示。

图 4-103　圆角过渡

【拓展训练】

完成图4-104~图4-106所示图形的实体造型。

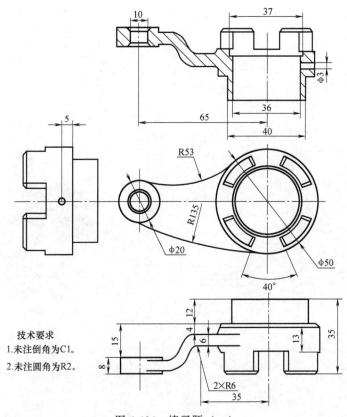

技术要求
1.未注倒角为C1。
2.未注圆角为R2。

图4-104 练习题（一）

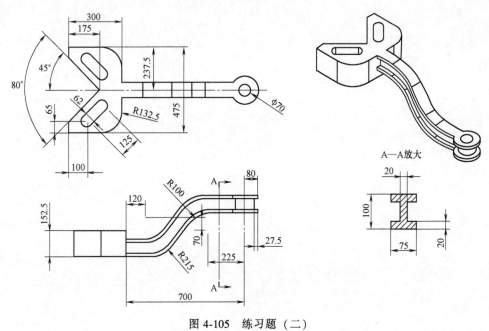

图4-105 练习题（二）

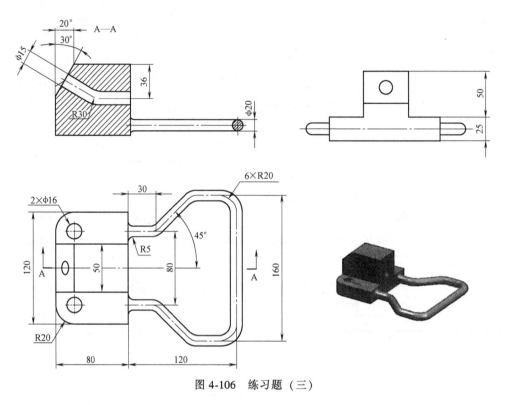

图 4-106　练习题（三）

项目5

自动编程与仿真加工

【学习目标】

1. 了解 CAXA 制造工程师软件实现加工的步骤。
2. 掌握粗加工、精加工及其他加工方法的使用。
3. 能够正确、合理地选择加工方法并设定加工参数。
4. 能够熟练使用软件中的后置处理、程序生成及仿真加工功能编写加工各种实际零件所需的加工程序和工艺清单。

【知识储备】

任务5.1 粗加工方法介绍

5.1.1 平面区域粗加工

单击加工生成栏中的"平面区域粗加工"  图标，弹出"平面区域粗加工"对话框，如图 5-1 所示。

1. 加工参数

图 5-1 所示对话框中的加工参数用于设定平面区域粗加工的加工参数，生成平面区域粗加工轨迹。

（1）走刀方式 分为环切加工和平行加工两种。

1）环切加工：选择此项后，刀具以环状走刀方式切削工件，可选择从里向外还是从外向里的方式。

2）平行加工：选择此项后，刀具以平行走刀方式切削工件，可改变生成的刀位行与 X 轴的夹角。

① 单向：选择此项后，刀具以单一的顺铣或逆铣方式加工工件。

② 往复：选择此项后，刀具以顺逆混合方式加工工件。

（2）拐角过渡方式 在切削过程中遇到锐角时的处理方式，有以下两种情况：

1）尖角：选择此项后，刀具从轮廓的一边到另一边的过程中，以两条边延长后相交的方式连接。

图 5-1 "平面区域粗加工"对话框

2）圆弧：选择此项后，刀具从轮廓的一边到另一边的过程中，以圆弧的方式过渡，过渡半径=刀具半径+余量。

（3）拔模基准 当加工的工件带有拔模斜度时，工件底层轮廓与顶层轮廓的大小不一样。

1）底层为基准：选择此项后，加工中所选的轮廓是工件底层的轮廓。

2）顶层为基准：选择此项后，加工中所选的轮廓是工件顶层的轮廓。

（4）区域内抬刀 在加工有岛屿的区域时，选择轨迹过岛屿时是否抬刀。选择"否"就是在岛屿处不抬刀；选择"是"就是在岛屿处直接抬刀连接。此项只对平行加工的单向功能有用。

（5）加工参数 切削加工时的具体坐标及切削量。

1）顶层高度：加工零件时起始高度的高度值，一般来说也是零件的最高点，即 Z 坐标最大值。

2）底层高度：加工零件时所要加工到的深度，即 Z 坐标最小值。

3）每层下降高度：刀具轨迹层与层之间的高度差，即层高。每层的高度从输入的顶层高度开始计算。

4）行距：加工轨迹中相邻两行刀具轨迹之间的距离。

（6）轮廓参数 要加工轮廓的边界参数。

1）余量：给轮廓加工预留的切削量。

2）斜度：设置拔模斜度。

3）补偿：有 3 种方式，ON 表示刀心线与轮廓线重合；TO 表示刀心线超过轮廓线一个刀具半径；PAST 表示刀心线未到轮廓线一个刀具半径。

（7）岛参数　在型腔内部出现的凸台类形状参数。

1）余量：给轮廓加工预留的切削量。

2）斜度：设置拔模斜度。

3）补偿：有 3 种方式，ON 表示刀心线与轮廓线重合；TO 表示刀心线超过轮廓线一个刀具半径；PAST 表示刀心线未到轮廓线一个刀具半径。

（8）标识钻孔点　选择该项目自动显示出下刀钻孔的点。

2. 清根参数

单击"清根参数"标签，进入图 5-2 所示的平面区域粗加工的"清根参数"选项卡，该选项卡用于设定平面区域粗加工的清根参数。

图 5-2　"清根参数"选项卡

（1）轮廓清根　选择轮廓清根，在区域加工完之后，刀具对轮廓进行清根加工，相当于最后的精加工；对轮廓还可以设置清根余量。

1）不清根：选择此项后，最后不进行轮廓清根加工。

2）清根：选择此项后，进行轮廓清根加工，要设置相应的清根余量。

3）轮廓清根余量：设定轮廓加工的预留量值。

（2）岛清根　选择岛清根，在区域加工完之后，刀具对岛进行清根加工。

1）不清根：选择此项后，最后不进行岛清根加工。

2）清根：选择此项后，进行岛清根加工，要设置相应的清根余量。

3）岛清根余量：设定岛加工的预留量值。

（3）清根进刀方式　在进行清根加工时，还可选择清根轨迹的进/退刀方式。

1）垂直：选择此项后，刀具在工件的第一个切削点处直接开始切削。

2）直线：选择此项后，刀具按给定长度以相切方式向工件的第一个切削点前进。

3）圆弧：选择此项后，刀具按给定半径以1/4圆弧向工件的第一个切削点前进。

（4）清根退刀方式

1）垂直：选择此项后，刀具从工件的最后一个切削点直接退刀。

2）直线：选择此项后，刀具按给定长度以相切方式从工件的最后一个切削点退刀。

3）圆弧：选择此项后，刀具从工件的最后一个切削点按给定半径以1/4圆弧退刀。

3. 接近返回

单击"接近返回"标签，进入图5-3所示的平面区域粗加工的"接近返回"选项卡，该选项卡用于设定平面区域粗加工的接近返回方式。

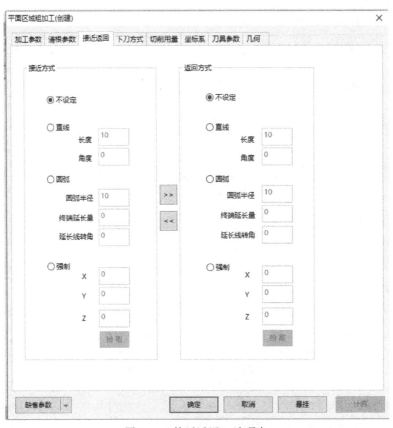

图5-3　"接近返回"选项卡

（1）接近方式　设定接近返回的切入/切出方式。一般情况下，接近指从刀具起始点快速移动后以切入方式逼近切削点的那段切入轨迹，返回指从切削点以切出方式离开切削点的那段切出轨迹。

1）不设定：选择此项后，不设定接近返回的切入/切出方式。

2）直线：选择此项后，刀具按给定长度以直线方式向切削点平滑切入或从切削点平滑切出。"长度"指直线切入/切出的长度，"角度"不使用。

3）圆弧：选择此项后，刀具以1/4圆弧向切削点平滑切入或从切削点平滑切出。"圆弧半径"指圆弧切入、切出的半径，"延长线转角"指圆弧的圆心角，"终端延长量"不使用。

4）强制：选择此项后，强制从指定点直线切入到切削点或强制从切削点直线切出到指定点 。"X""Y""Z"用于指定点空间位置的三个分量。

（2）返回方式　内容同上。

4. 下刀方式

单击"下刀方式"标签，进入图5-4所示的平面区域粗加工的"下刀方式"选项卡，该选项卡用于设定平面区域粗加工的下刀方式。

图5-4　"下刀方式"选项卡

（1）安全高度　它指刀具快速移动而不会与毛坯或模型发生干涉的高度，有相对与绝对两种模式，单击"相对"或"绝对"按钮可以实现二者的互换。

1）相对：选择此项后，以切入或切出或切削开始或切削结束位置的刀位点为参考点。

2）绝对：选择此项后，以当前加工坐标系的XOY平面为参考平面。

3）拾取：选择此项后，单击后可以从工作区选择安全高度的绝对位置高度点。

（2）慢速下刀距离　它指在切入或切削开始前的一段刀位轨迹的位置长度。这段轨迹以慢速下刀速度垂直向下进给，有相对与绝对两种模式，单击"相对"或"绝对"按钮可以实现二者的互换，如图5-5所示。

1）相对：选择此项后，以切入或切削开始位置的刀位点为参考点。

2）绝对：选择此项后，以当前加工坐标系的XOY平面为参考平面。

3）拾取：选择此项后，单击后可以从工作区选择慢速下刀距离的绝对位置高度点。

（3）退刀距离　它指在切出或切削结束后的一段刀位轨迹的位置长度，这段轨迹以退刀速度垂直向上进给，有相对与绝对两种模式，单击"相对"或"绝对"按钮可以实现二者的互换，如图5-6所示。

1）相对：选择此项后，以切出或切削结束位置的刀位点为参考点。

2）绝对：选择此项后，以当前加工坐标系的XOY平面为参考平面。

3）拾取：选择此项后，单击后可以从工作区选择退刀距离的绝对位置高度点。

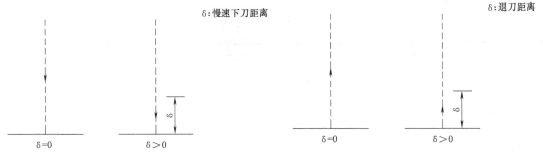

图5-5　慢速下刀距离示意图　　　　图5-6　退刀距离示意图

（4）切入方式　此处提供了4种通用的切入方式，几乎适用于所有的铣削加工策略。其中的一些切削加工策略有其特殊的切入切出方式，这在切入切出属性页面中可以设定，一旦设定，此处通用的切入方式将不会起作用。

1）垂直：选择此项后，刀具沿垂直方向切入，如图5-7a所示。

2）螺旋：选择此项后，刀具以螺旋方式切入，如图5-7b所示。

3）倾斜：选择此项后，刀具以与切削方向相反的倾斜线方向切入，如图5-7c所示。

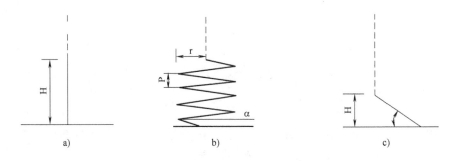

图5-7　垂直、螺旋、倾斜切入/切出示意图

r—半径　P—节距　H—距离　α—倾斜角度

4）渐切：选择此项后，刀具沿加工切削轨迹切入。

5）长度：切入轨迹段的长度，以切削开始位置的刀位点为参考点。

6）节距：螺旋和倾斜切入时走刀的高度。

7）角度：渐切和倾斜线走刀方向与 XOY 平面的夹角。

（5）下刀点的位置　对于"螺旋"和"倾斜"时的下刀点的位置提供了两种方式：

1）斜线的端点或螺旋线的切点：选择此项后，下刀点位置将在斜线的端点或螺旋线的切点处下刀。

2）斜线的中点或螺旋线的圆心：选择此项后，下刀点位置将在斜线的中点或螺旋线的圆心处下刀。

5. 切削用量

单击"切削用量"标签，进入图 5-8 所示的平面区域粗加工的"切削用量"选项卡，该选项卡设定平面区域粗加工的切削用量。

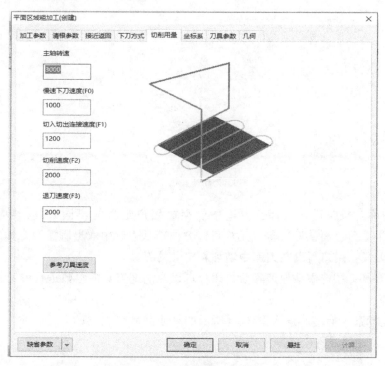

图 5-8　"切削用量"选项卡

（1）主轴转速　设定主轴转速的大小，单位为 r/min（转/分）。

（2）慢速下刀速度　设定慢速下刀轨迹段的进给速度，单位为 mm/min。

（3）切入切出连接速度　设定切入轨迹段、切出轨迹段、连接轨迹段、接近轨迹段、返回轨迹段的进给速度的大小，单位为 mm/min。

（4）切削速度　设定切削轨迹段的进给速度的大小，单位为 mm/min。

（5）退刀速度　设定退刀轨迹段的进给速度的大小，单位为 mm/min。

6. 刀具参数

单击"刀具参数"标签，进入图 5-9 所示的平面区域粗加工的"刀具参数"选项卡，该选项卡设定平面区域粗加工的刀具参数，以生成平面区域粗加工轨迹。

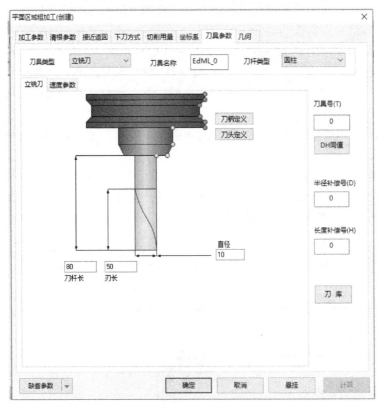

图 5-9　"刀具参数"选项卡

单击"刀库"按钮进入刀库，刀库中能存放用户定义的不同刀具，包括钻头、铣刀（球头铣刀、牛鼻刀、面铣刀）等，用户可以方便地从刀库中取出所需的刀具。

1）增加刀具：用户可以在刀库中增加新定义的刀具。

2）编辑刀具：在选中某把刀具后，用户可以对这把刀具的参数进行编辑。

7. 坐标系

单击"坐标系"标签，进入图 5-10 所示的平面区域粗加工的"坐标系"选项卡，该选项卡用于确定轨迹生成的坐标原点位置。

（1）加工坐标系

1）名称：设定刀路加工坐标系的名称。

2）拾取：选择该项后，用户可以在屏幕上拾取加工坐标系。

3）原点坐标：显示加工坐标系的原点值。

4）Z 轴矢量：显示加工坐标系的 Z 轴方向值。

（2）起始点

1）使用起始点：选择该项后，决定刀路是否从起始点出发并回到起始点。

2）起始点坐标：显示起始点坐标信息。

3）拾取：选择该项后，用户可以在屏幕上拾取点作为刀路的起始点。

4）起始高度：设定生成轨迹的起始 Z 向坐标。

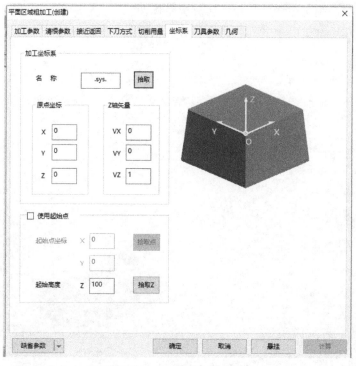

图 5-10 "坐标系"选项卡

8. 几何

单击"几何"标签，进入图 5-11 所示的平面区域粗加工的"几何"选项卡，用于确定要加工图素的边界或轮廓。

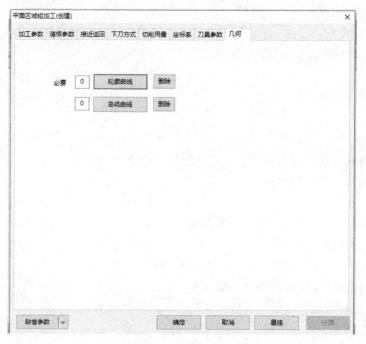

图 5-11 "几何"选项卡

（1）轮廓曲线　加工图素的外轮廓边界为轮廓曲线，选定该项。

（2）岛屿曲线　加工图素的外轮廓边界为岛屿曲线，选定该项。

5.1.2　等高线粗加工

单击加工工具栏中的"等高线粗加工"  图标，弹出"等高线粗加工"对话框，如图5-12所示。

图 5-12　"等高线粗加工"对话框

1．加工参数

（1）加工方向　加工方向设定有顺铣和逆铣两种选择。

（2）行进策略　行进策略设定有区域优先和层优先两种选择。

（3）层高与行距

1）层高：设定 Z 向每加工层的切削深度。

2）行距：设定输入方向的切入量。

3）插入层数：设定两层 X、Y 之间插入轨迹。

4）拔模角度：设定加工轨迹会出现角度。

5）切削宽度自适应：选择该项后，自动内部计算切削宽度。

（4）余量和精度

1）加工精度：此处输入模型的加工精度。要求计算模型的加工轨迹误差小于此值。加工精度数值越大，模型形状误差也增大，模型表面越粗糙。加工精度数值越小，模型形状误差也减小，模型表面越光滑，但是，轨迹段的数目增多，轨迹数据量变大。加工精度的含义如图 5-13a 所示。

2）加工余量：此处输入相对加工区域的残余量，也可以输入负值。加工余量的含义如图 5-13b 所示。

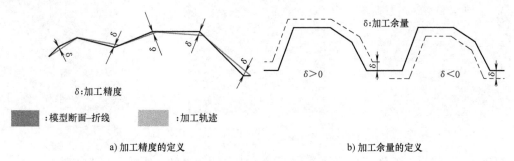

a) 加工精度的定义   b) 加工余量的定义

图 5-13 加工精度和加工余量

2. 区域参数

（1）加工边界 勾选"使用"选项，可以拾取已有的边界曲线，如图 5-14 所示。

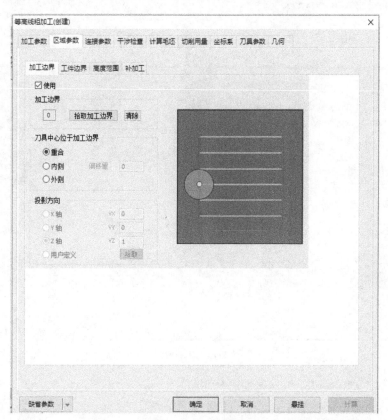

图 5-14 加工边界

"刀具中心位于加工边界"有以下 3 种方式：

1）重合：选择该项后，刀具位于边界上，如图 5-15 所示。

2）内侧：选择该项后，刀具位于边界的内侧，如图 5-16 所示。

3）外侧：选择该项后，刀具位于边界的外侧，如图 5-17 所示。

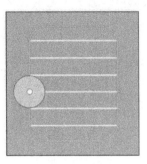

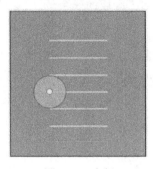

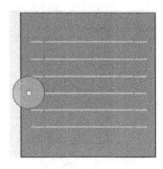

图 5-15　重合　　　　　　　　图 5-16　内侧　　　　　　　　图 5-17　外侧

（2）工件边界　勾选"使用"项后，以工件本身为边界，如图 5-18 所示。

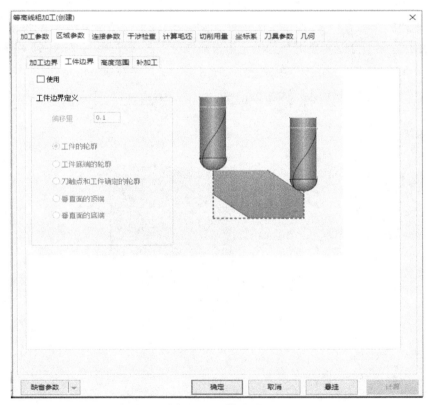

图 5-18　工件边界

"工件边界定义"可以使用偏移量进行调整：

1）工件的轮廓：选择该项后，刀心位于工件轮廓上。

2）工件底端的轮廓：选择该项后，刀尖位于工件底端轮廓。

3）刀触点和工件确定的轮廓：选择该项后，刀接触点位于轮廓上。

（3）高度范围

1）自动设定：以给定毛坯高度自动设定 Z 的范围。

2）用户设定：用户自定义 Z 的起始高度和终止高度。

（4）补加工　勾选"使用"项后，可以自动计算一把刀加工后的剩余量，从而进行补加工，如图 5-19 所示。

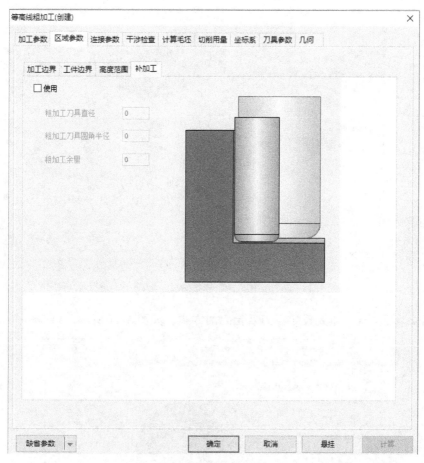

图 5-19　补加工

1）粗加工刀具直径：填写前一把刀的直径。

2）粗加工刀具圆角半径：填写前一把刀的刀角半径。

3）粗加工余量：填写粗加工的余量。

3. 连接参数

（1）连接方式　主要设定行间、层间连接以及接近/返回等有关参数，如图 5-20 所示。

1）接近/返回：从设定的高度接近工件和从工件返回到设定高度。勾选"加下刀"项后可以加入所选定的下刀方式。

2）行间连接：设定每行轨迹间的连接。勾选"加下刀"项后可以加入所选定的下刀方式。

3）层间连接：设定每层轨迹间的连接。勾择"加下刀"项后可以加入所选定的下刀方式。

4）区域间连接：设定两个区域间的轨迹连接。选择"加下刀"项后可以加入所选定的下刀方式。

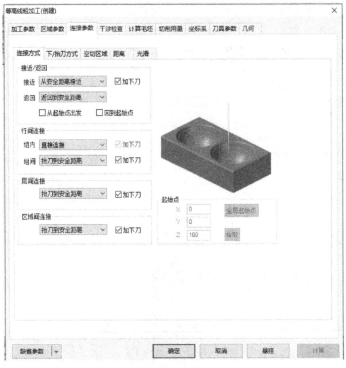

图 5-20　连接方式

（2）下/抬刀方式　主要设定下刀及抬刀的方式，如图 5-21 所示。

图 5-21　下/抬刀方式

1）中心可切削刀具：选择该项后，可选择自动、直线、螺旋、往复、沿轮廓边界下刀方式。

2）预钻孔点：选择该项后，用于标示需要钻孔的点。

（3）空切区域 主要设定安全平面、光滑连接以及方向平面等参数，如图 5-22 所示。

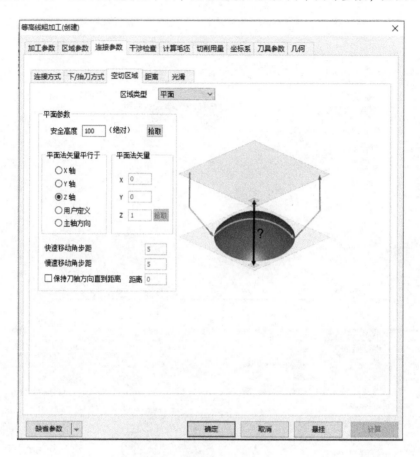

图 5-22 空切区域

1）安全高度：设定刀具快速移动而不会与毛坯或模型发生干涉的高度。

2）平面法矢量平行于：默认 Z 轴。

3）平面法矢量：目前只有 Z 轴正向。

4）保持刀轴方向直到距离：达到保持刀轴的方向所设定的距离。

（4）距离 主要设定安全距离及进刀和退刀的距离，如图 5-23 所示。

1）快速移动距离：在切入或切削开始前的一段刀位轨迹的位置长度，这段轨迹以快速移动方式进给。

2）慢速移动距离：在切入或切削开始前的一段刀位轨迹的位置长度，这段轨迹以慢速下刀速度进给。

3）空走刀安全距离：距离工件的高度距离。

（5）光滑 主要设定拐角处光滑连接的有关参数，如图 5-24 所示。

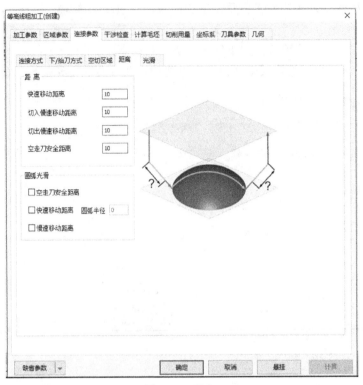

图 5-23　距离

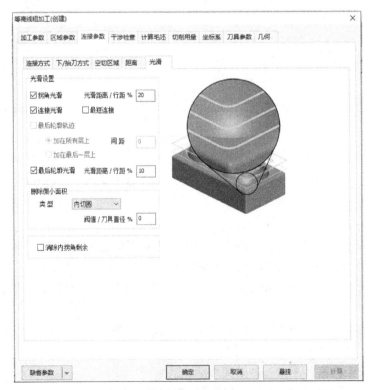

图 5-24　光滑

1）光滑设置：将拐角或轮廓进行光滑处理。

2）删除微小面积：删除面积大于刀具直径百分比面积的曲面的轨迹。

3）消除内拐角剩余：选择此项后，删除在拐角部的剩余余量。

任务5.2 常用精加工方法介绍

5.2.1 平面轮廓精加工

单击"加工"→"常用加工"→"平面轮廓精加工"命令，或单击加工工具栏中的"平面轮廓精加工"  图标，弹出图 5-25 所示的对话框。

图 5-25 "平面轮廓精加工"对话框

"平面轮廓精加工"对话框包括加工参数、接近返回、下刀方式、切削用量、坐标系、刀具参数和几何 7 个选项卡。其中接近返回、下刀方式、切削用量、刀具参数、几何选项卡前面已有介绍。平面轮廓精加工参数包括：加工参数、拐角过渡方式、走刀方式、行距定义方式、拔模基准、层间走刀等内容，每一项中又有其各自的参数，各参数的含义如下：

（1）走刀方式 走刀方式是指刀具轨迹行与行之间的连接方式，本系统提供单向和往复两种方式。

1）单向：选择该项后，抬刀连接，刀具加工到一行刀位的终点后，抬到安全高度，再沿直线快速走刀到下一行首点所在位置的安全高度垂直进刀，然后沿着相同的方向进行加工。

2）往复：选择该项后，直线连接，与单向不同的是在进给完一个行距后刀具沿着相反的方向进行加工，行间不抬刀。

（2）拐角过渡方式　拐角过渡方式就是在切削过程遇到拐角时的处理方式，本系统提供尖角和圆弧两种过渡方式。

1）尖角：选择该项后，刀具从轮廓的一边到另一边的过程中，以两条边延长后相交的方式连接。

2）圆弧：选择该项后，刀具从轮廓的一边到另一边的过程中，以圆弧的方式过渡。过渡半径＝刀具半径＋余量。

（3）加工参数　加工参数包括一些参考平面的高度参数（高度指 Z 向的坐标值），当需要进行一定的锥度加工时，还需要给定拔模斜度和每层下降高度。

1）顶层高度：指被加工工件的最高高度，在切削第一层时，下降一个每层下降高度。

2）底层高度：指加工的最后一层所在的高度。

3）每层下降高度：指每层之间的间隔高度。

4）拔模斜度：指加工完成后，轮廓所具有的倾斜度。

5）刀次：指生成的刀位的行数。

（4）行距定义方式　确定加工刀次后，刀具加工的行距可由两种方式确定：

1）行距方式：选择该项后，确定最后加工完成工件的余量及每次加工之间的行距，也可以称为等行距加工。

2）余量方式：选择该项后，定义每次加工完所留的余量，也可以称为不等行距加工。余量的次数在刀次中定义，最多可定义 10 次加工的余量。

3）行距：指每一行到位之间的距离。

4）加工余量：指给轮廓留出的预留量。

（5）拔模基准　当加工的工件带有拔模斜度时，工件顶层轮廓与底层轮廓的大小不一样。用"平面轮廓"功能生成加工轨迹时，只需画出工件顶层或底层的一个轮廓形状即可，无需画出两个轮廓。拔模基准用来确定轮廓是工件的顶层轮廓或是底层轮廓。

1）底层为基准：选择该项后，加工中所选的轮廓是工件底层的轮廓。

2）顶层为基准：选择该项后，加工中所选的轮廓是工件顶层的轮廓。

（6）偏移类型

1）ON：选择该项后，刀心线与轮廓重合。

2）TO：选择该项后，刀心线未到轮廓一个刀具半径。

3）PAST：选择该项后，刀心线超过轮廓一个刀具半径。

注意：补偿是左偏还是右偏取决于加工的是内轮廓还是外轮廓。

（7）其他选项　添加刀具补偿代码（G41/G42），选择该项，机床自动偏置刀具半径，那么在输出的代码中会自动加上 G41/G42（左偏/右偏）、G40（取消补偿）。输出代码中是自动加 G41 还是 G42，与拾取轮廓时的方向有关系。

5.2.2　轮廓导动精加工

平面轮廓法平面内的截面线沿平面轮廓线导动生成加工轨迹，也可以理解为平面轮廓的等截面导动加工。

单击"加工"→"常用加工"→"轮廓导动精加工"命令，弹出图 5-26 所示的"轮廓导动精加工"对话框，包括加工参数、接近返回、下刀方式、切削用量、坐标系、刀具参数和几何 7 个选项卡。其中接近返回、下刀方式、切削用量、刀具参数、几何前面等选项含义已有介绍。

图 5-26   "轮廓导动精加工"对话框

"加工参数"选项卡中的参数含义如下：

1）轮廓精度：拾取的轮廓有样条时的离散精度。

2）行距：沿截面线上每一行刀具轨迹间的距离，按等弧长来分布。

5.2.3   曲面轮廓精加工

曲面轮廓精加工生成沿一个轮廓线加工曲面的刀具轨迹。

在菜单栏中单击"加工"→"常用加工"→"曲面轮廓精加工"命令，弹出图 5-27 所示的"曲面轮廓精加工"对话框，该对话框包括加工参数、接近返回、下刀方式、切削用量、刀具参数和几何 6 个选项卡。其中切削用量、接近返回、下刀方式、刀具参数、几何前面等选项含义已有介绍。

"加工参数"选项卡中的参数含义如下：

（1）行距和刀次

1）行距：指每行刀位之间的距离。

2）刀次：指产生的刀具轨迹的行数。

其他的加工方式里刀次和行距是单选的，最后生成的刀具轨迹只使用其中的一个参数，

图 5-27 "曲面轮廓精加工"对话框

而在曲面轮廓加工里刀次和轮廓是关联的，生成的刀具轨迹由刀次和行距两个参数决定，如果想将轮廓内的曲面全部加工，又无法给出合适的刀次，可以给一个大的刀次，系统会自动计算并将多余的刀次删除。

（2）轮廓精度　轮廓精度指拾取的轮廓有样条时的离散精度。

（3）轮廓补偿

1）ON：选择该项后，刀心线与轮廓重合。

2）TO：选择该项后，刀心线未到轮廓一个刀具半径。

3）PAST：选择该项后，刀心线超过轮廓一个刀具半径。

5.2.4　曲面区域精加工

曲面区域精加工生成加工曲面上封闭区域的刀具轨迹。

在菜单栏中单击"加工"→"常用加工"→"曲面区域精加工"命令，弹出图 5-28 所示的"曲面区域精加工"对话框，该对话框包括加工参数、接近返回、下刀方式、切削用量、坐标系、刀具参数和几何 7 个选项卡。其中切削用量、接近返回、下刀方式、刀具参数、几何等选项含义前面已有介绍。

"加工参数"选项卡中的参数含义如下：

（1）走刀方式

1）平行加工：选择该项后，输入与 X 轴的夹角。

图 5-28 "曲面区域精加工"对话框

2）环切加工：选择该项后，选择从里向外还是从外向里加工。

（2）余量和精度

1）加工余量：指对加工曲面的预留量，可正可负。

2）干涉余量：指对干涉曲面的预留量，可正可负。

3）轮廓精度：指拾取的轮廓有样条时的离散精度。

5.2.5 参数线精加工

参数线精加工生成沿参数线的加工轨迹。

在菜单栏中单击"加工"→"常用加工"→"参数线精加工"命令，弹出图 5-29 所示的"参数线精加工"对话框，该对话框包括加工参数、接近返回、下刀方式、切削用量、坐标系、刀具参数和几何 7 个选项卡。其中切削用量、接近返回、下刀方式、刀具参数、几何等选项含义前面已有介绍。

"加工参数"选项卡中的参数含义如下：

（1）切入方式和切出方式

1）不设定：选择该项后，不使用切入/切出。

2）直线：选择该项后，沿直线垂直切入切出。

3）圆弧：选择该项后，沿圆弧切入切出。

4）矢量：选择该项后，沿矢量指定的方向和长度切入切出，分别指定 X、Y、Z 矢量的三个分量。

5）强制：选择该项后，强制从指定点直线水平切入到切削点，或强制从切削点直线水平切出到指定点。X 和 Y 指与切削点相同高度的指定点的水平位置分量。

具体"切入/切出"选项卡的加工轨迹如图 5-30 所示。

图 5-29　"参数线精加工"对话框

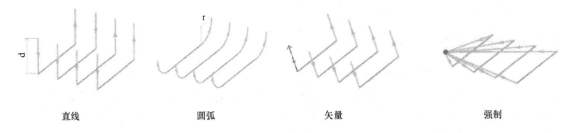

直线　　　　　　　　圆弧　　　　　　　　矢量　　　　　　　　强制

图 5-30　"切入/切出"选项卡的加工轨迹示意图

（2）行距定义方式

1）残留高度：指切削行间残留量距加工曲面的最大距离。

2）刀次：指切削行的数目。

3）行距：指相邻切削行的间隔。

（3）遇干涉面

1）抬刀：选择此项后，通过抬刀快速移动，下刀完成相邻切削行间的连接。

2）投影：选择此项后，在需要连接的相邻切削行间生成切削轨迹，通过切削移动来完成连接。

（4）限制曲面　限制加工曲面范围的边界面，作用类似于加工边界，通过定义第一和第二系列限制曲面可以将加工轨迹限制曲在一定的加工区域内。

1）第一系列限制面：定义是否使用第一系列限制面。

无：选择该项后，不使用第一系列限制面。

有：选择该项后，使用第一系列限制面。

2）第二系列限制面：定义是否使用第二系列限制面。

无：选择该项后，不使用第一系列限制面。

有：选择该项后，使用第一系列限制面。

（5）走刀方式

1）往复：选择该项后，生成往复的加工轨迹。

2）单向：选择该项后，生成单向的加工轨迹。

（6）干涉检查　定义是否使用干涉检查，防止过切。

1）否：选择该项后，不使用干涉检查。

2）是：选择该项后，使用干涉检查。

（7）余量和精度

1）加工精度：指输入模型的加工精度。计算模型的轨迹误差小于此值。加工精度数值越大，模型形状误差也增大，模型表面越粗糙。加工精度数值越小，模型形状的误差减小，模型表面越光滑。但是，轨迹段的数目增多，轨迹数据量变大。

2）加工余量：指相对模型表面的残留高度，可以为负值，但不要超过刀角半径。

3）干涉（限制）余量：指处理干涉面或限制面时采用的加工余量。

5.2.6　投影线精加工

投影线精加工将已有的刀具轨迹投影到曲面上而生成刀具轨迹。

在菜单栏中单击"加工"→"常用加工"→"投影线精加工"命令，弹出图5-31所示的"投影线精加工"对话框，该对话框中的参数含义在前面都已经介绍过。

注意：

1）拾取刀具轨迹：一次只能拾取一个刀具轨迹，拾取的轨迹可以是2D轨迹，也可以是3D轨迹。

2）拾取加工面：允许拾取多个曲面。

3）拾取干涉曲面：干涉曲面允许有多个，也可以不拾取，右击后中断拾取。

5.2.7　等高线精加工

等高线精加工生成等高线加工轨迹。

在菜单栏中单击"加工"→"常用加工"→"等高线精加工"命令，弹出图5-32所示的"等高线精加工"对话框。

图 5-31 "投影线精加工"对话框

1. 加工参数

（1）加工方向 加工方向设定有顺铣和逆铣两种选择。

（2）行进策略 行进策略设定有区域优先和层优先两种选择。

（3）层高 层高用于 Z 向每个加工层的切削深度。

2. 区域参数

在"区域参数"选项卡中增加了坡度范围、下刀点、圆角过渡及分层选项。

（1）坡度范围 选择"使用"后能够设定倾斜面角度和加工区域，如图 5-33 所示。
斜面角度范围：在斜面的起始和终止角度内填写数值来完成坡度的设定。

（2）下刀点 下刀点参数能够拾取开始点，以及设置在后续层开始点选择的方式，如图 5-34 所示。

1）开始点：加工时加工的起始点。

2）在后续层开始点选择的方式：在移动给定的距离后的点下刀。

图 5-32　"等高线精加工" 对话框

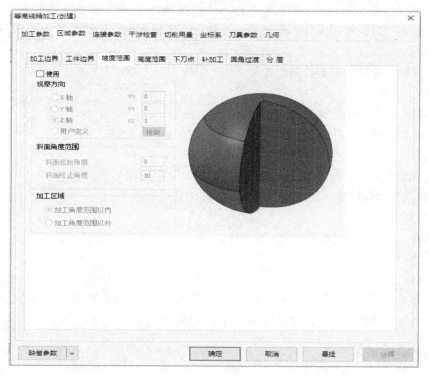

图 5-33　"坡度范围" 对话框

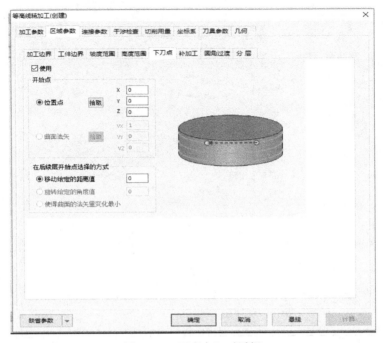

图 5-34　"下刀点"对话框

5.2.8　扫描线精加工

扫描线精加工生成沿参数线加工轨迹。

在菜单栏中单击"加工"→"常用加工"→"扫描线精加工"命令，弹出图 5-35 所示的"扫描线精加工"对话框，该对话框包括加工参数、区域参数、连接参数、坐标系、干涉检查、切削用量、刀具参数及几何 8 个选项卡。

"加工参数"选项卡中参数的含义如下：

（1）加工方式

1）单项：生成单向的轨迹。

2）往复：生成往复的轨迹。

3）向上：生成向上的扫描线精加工轨迹。

4）向下：生成向下的扫描线精加工轨迹。

（2）加工开始角位置　设定加工开始时从哪个角开始加工。

（3）加工方向

1）顺铣：生成顺铣的轨迹。

2）逆铣：生成逆铣的轨迹。

（4）其他

1）裁减刀刃长度：选择该项后，裁减小于刀具直径百分比的轨迹。

2）自适应：选择该项后，自动内部计算适应的行距。

5.2.9　平面精加工

平面精加工在平坦部生成平面精加工轨迹。

图 5-35 "扫描线精加工"对话框

在菜单栏中单击"加工"→"常用加工"→"平面精加工"命令,弹出图 5-36 所示的"平面精加工"对话框,由于所有选项卡在前面都有讲过,其含义和使用方法一样,在这里就不重复了。

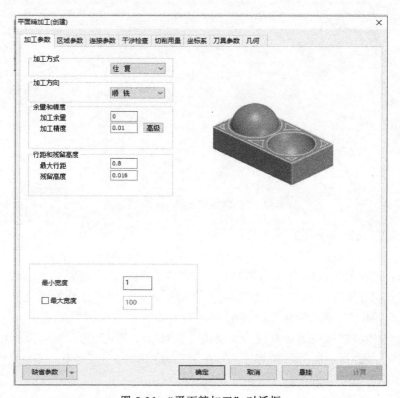

图 5-36 "平面精加工"对话框

任务 5.3　四轴加工方法介绍

5.3.1　四轴柱面曲线加工

四轴柱面曲线加工是根据给定的曲线生成四轴加工轨迹，多用于回转体上加工槽，铣刀刀轴的方向始终垂直于第四轴的旋转轴。

单击"加工"→"多轴加工"→"四轴柱面曲线加工"命令，弹出图 5-37 所示的"四轴柱面曲线加工"对话框，该对话框包括加工参数、接近返回、切削用量、坐标系、刀具参数及几何 6 个选项卡。

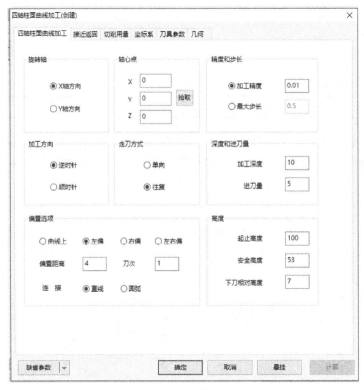

图 5-37　"四轴柱面曲线加工"对话框

"加工参数"选项卡中参数的含义如下：

（1）旋转轴

1）X 轴：机床的第四轴绕 X 轴旋转，生成加工代码时角度地址为 A。

2）Y 轴：机床的第四轴绕 Y 轴旋转，生成加工代码时角度地址为 B。

（2）加工方向　生成四轴加工轨迹时，下刀点与拾取曲线的位置有关，在曲线的哪一端拾取，就会在曲线的哪一端点下刀。生成轨迹后如想改变下刀点，则可以不用重新生成轨迹，而只需双击轨迹树中的"加工参数"，在加工方向中的"顺时针"和"逆时针"两项之间进行切换即可改变下刀点。

（3）走刀方式　走刀方式分为单向和往复两种方式，如图 5-38 所示。

1）单向：在刀次大于 1 时，同一层的刀迹轨迹沿着同一方向进行加工，这时层间轨迹会自动以抬刀方式连接。精加工时为了保证槽宽和加工表面质量，多采用此方式。

2）往复：在刀具轨迹层数大于 1 时，层之间的刀迹轨迹方向可以往复进行加工。刀具到达加工终点后，不快速退刀而是与下一层轨迹的最近点之间走一个行间进给，继续沿着原加工方向相反的方向进行加工的。加工时为了减少抬刀次数，提高加工效率多采用此种方式。

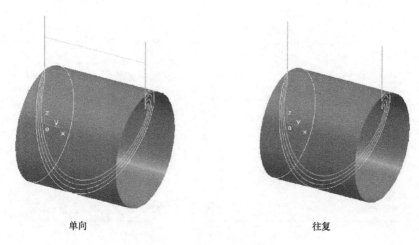

单向　　　　　　　　　　　　往复

图 5-38　走刀方式示例图

（4）偏置选项

1）曲线上：选择该项后，铣刀的中心沿曲线加工，不进行偏置。

2）左偏：选择该项后，向被加工曲线的左边进行偏置。

3）右偏：选择该项后，向被加工曲线的右边进行偏置。

4）左右偏：选择该项后，向被加工曲线的左边和右边同时进行偏置。

（5）加工深度和进刀量

1）加工深度：从曲线当前所在的位置向下要加工的深度。

2）进刀量：为了达到给定的加工深度，需要在深度方向多次进刀时的每刀进给量。

（6）高度

1）起止高度：指刀具初始位置。起止高度通常大于或等于安全高度。

2）安全高度：刀具在此高度以上任何位置，均不会碰伤工件和夹具。

3）下刀相对高度：指在切入或切削开始前的一段刀位轨迹的长度，这段轨迹以慢速下刀速度垂直向下进给。

5.3.2　四轴平切面加工

四轴平切面加工用一组垂直于旋转轴的平面与被加工曲面的等距面求交而生成四轴加工轨迹的方法，多用于加工旋转体及上面的复杂曲面，铣刀刀轴的方向始终垂直于第四轴的旋转轴。

单击"加工"→"多轴加工"→"四轴平切面加工"命令，弹出图 5-39 所示的"四轴平切面加工"对话框，该对话框包括加工参数、接近返回、切削用量、坐标系、刀具参数及几

图 5-39 "四轴平切面加工"对话框

何 6 个选项卡。

"加工参数"选项卡中参数的含义如下：

（1）旋转轴

1）X 轴：机床的第四轴绕 X 轴旋转，生成加工代码时角度地址为 A。

2）Y 轴：机床的第四轴绕 Y 轴旋转，生成加工代码时角度地址为 B。

（2）行距定义方式

1）平行加工：选择该项后，用平行于旋转轴的方向生成加工轨迹。

2）角度增量：平行加工时用角度的增量来定义两平行轨迹之间的距离。

3）环切加工：选择该项后，用环绕旋转轴的方向生成加工轨迹。

4）行距：环切加工时用行距来定义两环切轨迹之间的距离。

（3）走刀方式

1）单向：在刀次大于 1 时，同一层的刀迹轨迹沿着同一方向进行加工，这时层间轨迹会自动以抬刀方式连接。精加工时为了保证加工表面质量，多采用此方式。

2）往复：在刀具轨迹行数大于 1 时，行之间的刀迹轨迹方向可以往复。刀具到达加工终点后，不快速退刀而是与下一行轨迹的最近点之间走一个行间进给，继续沿着与原加工方向相反的方向进行加工的方式。加工时为了减少抬刀次数，提高加工效率多采用此种方式。

（4）边界保护

1）保护：选择该项后，在边界处生成保护边界的轨迹，如图 5-40 所示。

2）不保护：选择该项后，进给到边界处停止，不生成轨迹，如图 5-41 所示。

（5）优化

1）相邻刀轴最小夹角：是指相邻两个刀轴间的夹角。刀轴最小夹角限制的是两个相邻

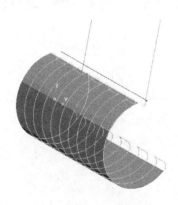

图 5-40 边界保护

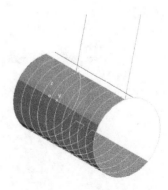

图 5-41 边界不保护

刀位点之间刀轴夹角必须大于此数值，如果小了，就会忽略掉。

2）最小步长：是指相邻两个刀位点之间的直线距离必须大于此数值，若小于此数值，可忽略不要。

（6）余量和精度

1）加工余量：指相对模型表面的残留高度。

2）干涉余量：指干涉面处的加工余量。

3）加工精度：指输入模型的加工精度。计算模型的轨迹误差小于此值。加工精度数值越大，模型形状误差也增大，模型表面越粗糙。加工精度数值越小，模型形状误差也减小，模型表面越光滑，但是，轨迹段的数目增多，轨迹数据量变大。

（7）高度

1）起止高度：指刀具初始位置。起止高度通常大于或等于安全高度。

2）安全高度：指刀具在此高度以上任何位置，均不会碰伤工件和夹具。

3）回退距离：指刀具相对于终止点抬刀的高度。

任务 5.4　五轴加工方法介绍

5.4.1　叶轮粗加工

叶轮粗加工是对叶轮相邻二叶片之间的余量进行粗加工。

单击"加工"→"多轴加工"→"叶轮粗加工"命令，弹出图 5-42 所示的"叶轮粗加工"对话框，该对话框包括加工参数、切削用量、坐标系、刀具参数及几何 5 个选项卡。

"加工参数"选项卡中参数的含义如下：

（1）叶轮装卡方位

1）X 轴正向：选择该项后，叶轮轴线平行于 X 轴，从叶轮底面指向顶面同 X 轴正向同向的安装方式。

2）Y 轴正向：选择该项后，叶轮轴线平行于 Y 轴，从叶轮底面指向顶面同 Y 轴正向同向的安装方式。

3）Z 轴正向：选择该项后，叶轮轴线平行于 Z 轴，从叶轮底面指向顶面同 Z 轴正向同向的安装方式。

图 5-42 "叶轮粗加工"对话框

（2）走刀方向

1）从上向下：选择该项后，刀具由叶轮顶面切入从叶轮底面切出，单向走刀。

2）从下向上：选择该项后，刀具由叶轮底面切入从叶轮顶面切出，单向走刀。

3）往复：选择该项后，一行走刀完后不抬刀而是切削移动到下一行，反向走刀完成下一行的切削加工。

（3）进给方向

1）从左向右：选择该项后，刀具的行间进给方向是从左向右。

2）从右向左：选择该项后，刀具的行间进给方向是从右向左。

3）从两边向中间：选择该项后，刀具的行间进给方向是从两边向中间。

4）从中间向两边：选择该项后，刀具的行间进给方向是从中间向两边。

（4）延长

1）底面上部延长量：当刀具从叶轮上底面切入或切出时，为确保刀具不与工件发生碰撞，将刀具的进给行程向上延长一段距离，以使刀具能够完全离开叶轮上底面。

2）底面下部延长量：当刀具从叶轮下底面切入或切出时，为确保刀具不与工件发生碰撞，将刀具的进给行程向下延长一段距离，以使刀具能够完全离开叶轮下底面。

（5）步长和行距

1）最大步长：指刀具走刀的最大步长，大于"最大步长"的走刀步长将被分成两步。

2）行距：指走刀行间的距离。以半径最大处的行距为计算行距。

（6）加工余量和精度

1）叶轮底面加工余量：粗加工结束后，叶轮底面（即旋转面）上留下的材料厚度。也是下道精加工工序的加工工作量。

2）叶轮底面加工精度：加工精度越大，叶轮底面模型形状误差也增大，模型表面越粗糙。加工精度越小，模型形状误差也减小，模型表面越光滑。但是，轨迹段的数目增多，轨迹数据量变大。

3）叶面加工余量：叶轮槽的左右两个叶片面上留下的下道工序的加工材料厚度。

5.4.2　叶轮精加工

叶轮精加工是对叶轮每个单一叶片的两侧进行精加工。

单击"加工"→"多轴加工"→"叶轮精加工"命令，弹出图5-43所示的"叶轮粗加工"对话框，该对话框包括加工参数、切削用量、坐标系、刀具参数及几何5个选项卡。

图5-43　"叶轮精加工"对话框

"加工参数"选项卡中参数的含义如下：

（1）加工顺序

1）层优先：叶片两个侧面的精加工轨迹同一层的加工完成再加工下一层，叶片两侧交替加工。

2）深度优先：叶片两个侧面的精加工轨迹同一侧的加工完成再加工下一侧面，完成叶片的一个侧面后再加工另一个侧面。

（2）走刀方向

1）从上向下：选择该项后，叶片两侧面的每一条加工轨迹都是由上向下进行精加工。

2）从下向上：选择该项后，叶片两侧面的每一条加工轨迹都是由下向上进行精加工。

3）往复：选择该项后，叶片两侧面一面为由下向上精加工，一面为由上向下精加工。

（3）延长

1）叶片上部延长量：当刀具从叶轮上底面切入或切出时，为确保刀具不与工件发生碰撞，将刀具的进给行程向上延长一段距离，以使刀具能够完全离开叶轮上底面。

2）叶片下部延长量：当刀具从叶轮下底面切入或切出时，为确保刀具不与工件发生碰撞，将刀具的进给行程向下延长一段距离，以使刀具能够完全离开叶轮下底面。

（4）层切入

最大步长：刀具走刀的最大步长，大于"最大步长"的走刀步长将被分成两步。

（5）加工余量和精度

1）叶面加工余量：叶片表面加工结束后所保留的余量。

2）叶面加工精度：加工精度数值越大，叶轮底面模型形状误差也增大，模型表面越粗糙。加工精度数值越小，模型形状误差也减小，模型表面越光滑。但是，轨迹段的数目增多，轨迹数据量变大。

3）叶轮底面让刀量：加工结束后，叶轮底面（即旋转面）上留下的材料厚度。

（6）起止高度　刀具初始位置。起止高度通常大于或等于安全高度。

（7）安全高度　刀具在此高度以上任何位置，均不会碰伤工件和夹具。

（8）回退距离　刀具相对于终止点抬刀的高度。

任务 5.5　外轮廓的加工

【任务描述】

完成图 5-44 所示外轮廓的自动编程与仿真加工，完成该任务需要运用之前所学二维图形的绘制方法来绘制轮廓曲线，重点掌握在加工中使用的加工命令的相关知识及参数设置方法。

【任务分析】

由图 5-44 所示可知，该零件图为平面类外轮廓图，在加工时为了节省时间不需创建草图和绘制实体，只需将轮廓曲线绘制完成后，使用"平面区域粗加工""平面轮廓精加工"命令分别对轮廓进行粗、精加工。

【任务实施】

1）启动 CAXA 制造工程师软件，选择"创

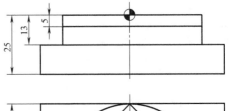
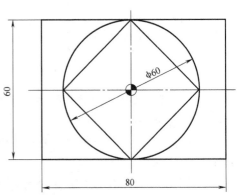

图 5-44　外轮廓

建一个新的制造文件"，单击"确定"按钮，将软件打开。

2）按<F5>键在 XOY 平面绘制图形，使用"矩形"→"整圆"→"正多边形"命令绘制轮廓线，结果如图 5-45 所示。

3）使用"等距线"→"曲线过渡"命令，将已绘制的矩形框等距 8mm 后作为使用"平面区域粗加工"命令时拾取的轮廓线，如图 5-46 所示。

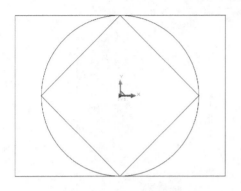

图 5-45　绘制轮廓线

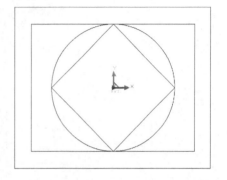

图 5-46　绘制等距线

4）在轨迹管理栏中双击"刀具库"，弹出"刀具库"对话框，如图 5-47 所示。

刀具库										✕
共 11 把					增加	清空	导入	导出		
类型	名称	刀号	直径	刃长	全长	刀杆类型	刀杆直径	半径补信号	长度补信号	
立铣刀	EdML_0	0	10.000	50.000	80.000	圆柱	10.000	0	0	
立铣刀	EdML_0	1	10.000	50.000	100.000	圆柱+圆锥	10.000	1	1	
圆角铣…	BulML_0	2	10.000	50.000	80.000	圆柱	10.000	2	2	
圆角铣…	BulML_0	3	10.000	50.000	100.000	圆柱+圆锥	10.000	3	3	
球头铣…	SphML_0	4	10.000	50.000	80.000	圆柱	10.000	4	4	
球头铣…	SphML_0	5	12.000	50.000	100.000	圆柱+圆锥	10.000	5	5	
燕尾铣…	DvML_0	6	20.000	6.000	80.000	圆柱	20.000	6	6	
燕尾铣…	DvML_0	7	20.000	6.000	100.000	圆柱+圆锥	10.000	7	7	
球形铣…	LoML_0	8	12.000	12.000	80.000	圆柱	12.000	8	8	
球形铣…	LoML_1	9	10.000	10.000	100.000	圆柱+圆锥	10.000	9	9	

确定　　取消

图 5-47　"刀具库"对话框

5）单击"增加"按钮，在对话框中输入铣刀名称"D12"，增加一个粗加工用的铣刀，设定增加的铣刀参数，单击"确定"按钮将刀具增加到刀具库中。在"刀具库"对话框中输入准确的数值，其中的刃长和刀杆长与仿真有关，而与实际加工无关。其他定义需要根据实际加工刀具来完成，如图 5-48 所示。

6）在菜单栏中单击"加工"→"常用加工"→"平面区域粗加工"命令，弹出"平面区域粗加工"对话框，在"刀具参数"选项卡中单击"刀库"按钮打开刀具库，选择已设定的 D12 刀具，结果如图 5-49 所示。"切削用量"选项卡设置如图 5-50 所示。"加工参数"选项卡设置如图 5-51 所示。"清根参数"选项卡设置如图 5-52 所示。"接近返回"选项卡设置如图 5-53 所示。"下刀方式"选项卡设置如图 5-54 所示。

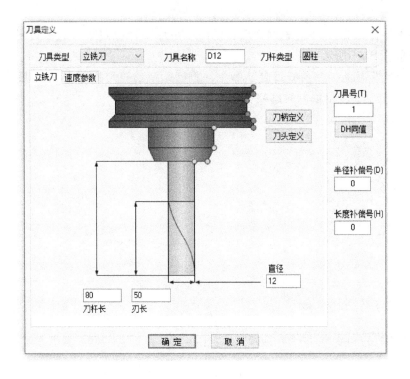

图 5-48 "刀具定义"对话框

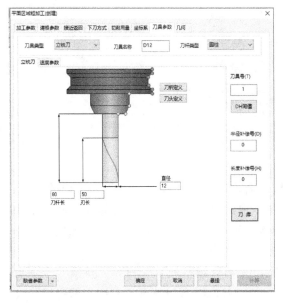

图 5-49 "刀具参数"选项卡设置

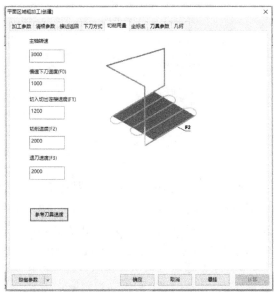

图 5-50 "切削用量"选项卡设置

图 5-51 "加工参数"选项卡设置

图 5-52 "清根参数"选项卡设置

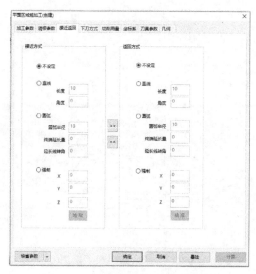

图 5-53 "接近返回"选项卡设置

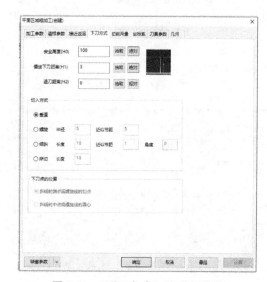

图 5-54 "下刀方式"选项卡设置

7) 将"平面区域粗加工"对话框中的参数设置好后，单击"确定"按钮，按提示拾取最大的矩形框作为"轮廓曲线"，拾取旋转正方形曲线作为"岛屿曲线"，右击后系统开始计算并得到旋转正方形台的粗加工轨迹，如图 5-55 所示。

8) 右击轨迹管理树中"刀具轨迹"下的"1-平面区域粗加工"，选择"隐藏"方式，将已生成的旋转正方形的粗加工轨迹隐藏，以便观察下一个轮廓的加工轨迹。

9) 继续使用"平面区域粗加工"命令将对话框中的"加工参数"选项卡设置如图5-56所示，其余选项卡中的参数设置不变。

10) 将"平面区域粗加工"对话框中的参数设置好后，单击"确定"按钮，按提示拾取最大的矩形框作为"轮廓曲线"，拾取整圆曲线作为"岛屿曲线"，右击后系统开始计算并得到圆台的粗加工轨迹，如图 5-57 所示。

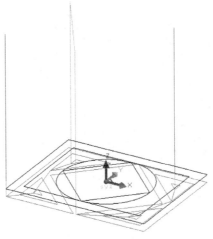

图 5-55　旋转正方形台的粗加工轨迹

图 5-56　"加工参数"选项卡设置

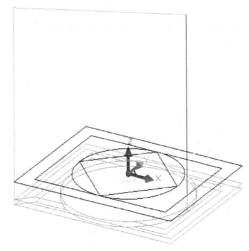

图 5-57　圆台的粗加工轨迹

11）右击轨迹管理栏中的"刀具轨迹"，单击"全部隐藏"命令，以便观察精加工轨迹。

12）在菜单栏中单击"加工"→"常用加工"→"平面轮廓精加工"命令，弹出"平面轮廓精加工"对话框，"加工参数"选项卡设置如图5-58所示。"接近返回"选项卡设置如图5-59所示。"切削用量"选项卡设置如图5-60所示。"刀具参数"中的刀具从刀库中选择即可。

13）其余选项卡按默认设置，单击"确定"按钮，根据状态栏提示拾取旋转正方形轮廓线，顺时针方向拾取后右击完成拾取，右击两次作为默认的进刀点和退刀点，生成精加工轨迹，如图5-61所示。右击继续使用"平面轮廓精加工"命令，"加工参数"选项卡设置如图5-62所示，其余参数按默认设置，单击"确定"按钮，根据状态栏提示拾取整圆轮廓线，顺时针方向拾取后右击完成拾取，右击两次选择默认的进刀点和退刀点，生成精加工轨迹，如图5-63所示。

图 5-58 "加工参数"选项卡设置

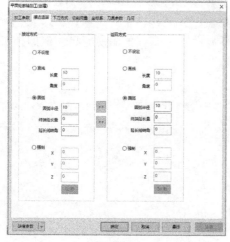

图 5-59 "接近返回"选项卡设置

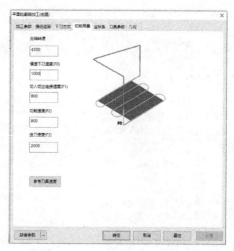

图 5-60 "切削用量"选项卡设置

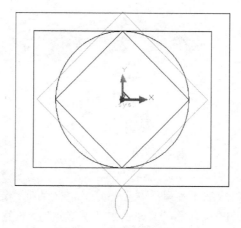

图 5-61 生成精加工轨迹

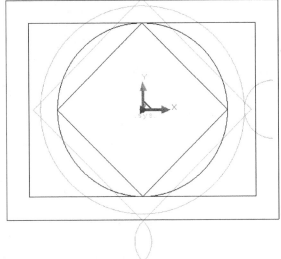

图 5-62 "加工参数"选项卡设置   图 5-63 生成精加工轨迹

14）右击轨迹树中的"刀具轨迹"，选择"全部显示"命令，显示所有已生成的加工轨迹，如图 5-64 所示。

图 5-64 生成的加工轨迹

15）双击轨迹管理栏中的毛坯，弹出"毛坯定义"对话框，选择"拾取两角点"方式，单击拾取图中 80×60 矩形框的两对角点，分别在"基准点""长宽高"中输入相关参数，然后单击"确定"按钮生成毛坯，如图 5-65 所示。

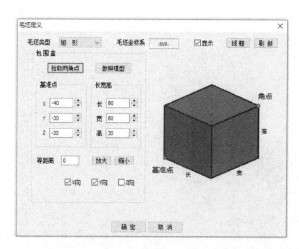
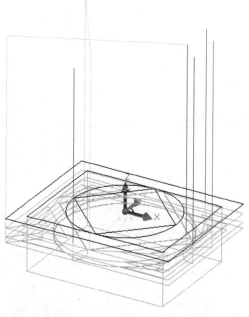

图 5-65 "毛坯定义"对话框及生成毛坯

16）单击轨迹树中的"刀具轨迹"，选中生成的全部加工轨迹，右击"刀具轨迹"选择"实体仿真"，系统进入加工仿真界面，如图 5-66 所示。

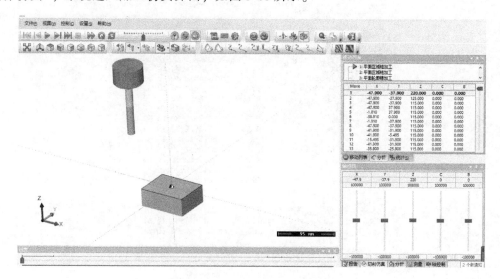

图 5-66 加工仿真界面

17）单击"运行" 按钮，系统进入仿真状态，加工结果如图 5-67 所示。仿真检验无误后退出仿真程序，回到 CAXA 制造工程师的主界面，在菜单栏中单击"文件"→"保存"命令，保存粗加工和精加工轨迹。

18）在菜单栏中单击"加工"→"后置处理"→"后置设置"命令，弹出"选择后置配置文件"对话框，如图 5-68 所示；选择当前机床类型为"fanuc"，单击"编辑"按钮，打开

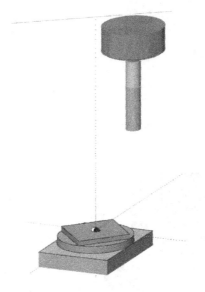

图 5-67　加工仿真结果

图 5-68　"选择后置配置文件"对话框

"CAXA 后置配置"对话框，如图 5-69 所示，根据当前的机床设置参数，然后另存。

19）在菜单栏中单击"加工"→"后置处理"→"生成 G 代码"命令，弹出"生成后置代码"对话框，如图 5-70 所示；单击"代码文件"按钮弹出"另存为"对话框，如图 5-71 所示，填写加工代码文件名"501"，单击"保存"按钮。

20）单击轨迹树中的"刀具轨迹"，选中生成的全部加工轨迹，再右击"刀具轨迹"，

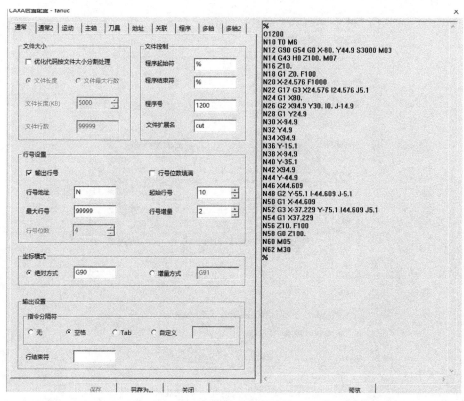

图 5-69　机床参数设置

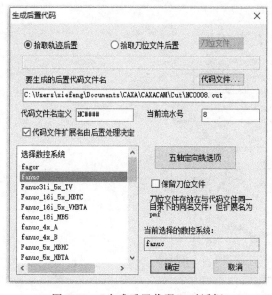

图 5-70　"生成后置代码"对话框

图 5-71　"另存为"对话框

选择"工艺清单"对话框，如图 5-72 所示，单击"确定"按钮，即可生成工艺清单。

至此，该零件轮廓图的绘制、生成加工轨迹、仿真加工、生成 G 代码程序及工艺清单的工作已全部做完，可以把程序传输到机床。

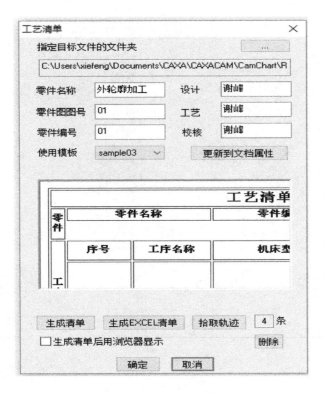

图 5-72 "工艺清单"对话框

【拓展训练】

完成图 5-73～图 5-75 所示零件的自动编程与仿真加工。

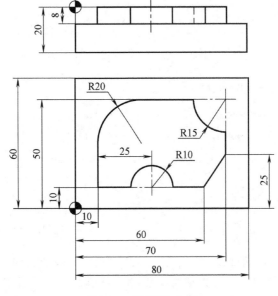

图 5-73 练习题（一）

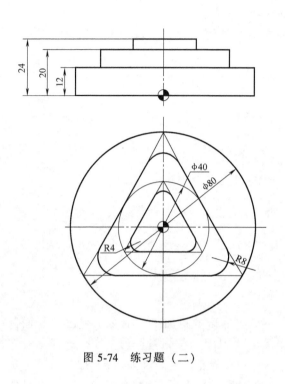

图 5-74   练习题（二）

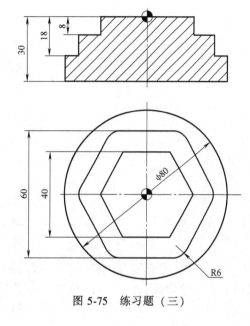

图 5-75   练习题（三）

任务 5.6   内轮廓的加工

【任务描述】

完成图 5-76 所示内轮廓的自动编程与仿真加工，完成该任务需要运用之前所学二维图形的绘制方法来绘制轮廓曲线，重点掌握在加工中使用的加工命令的相关知识及参数设置方法。

【任务分析】

由图 5-76 所示可知，该零件图为平面类内轮廓，内轮廓中有圆台和矩形台，在加工时为了节省时间不需创建草图和绘制实体，只需将轮廓曲线绘制完成后，使用"平面区域粗加工""平面轮廓精加工"命令分别对轮廓进行粗、精加工。

【任务实施】

1）启动 CAXA 制造工程师软件，选择

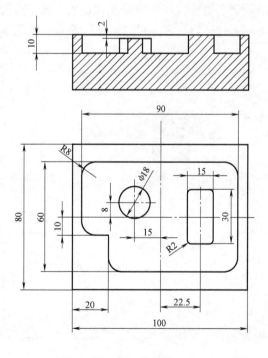

图 5-76   内轮廓

CAXA制造工程师技术与应用

"创建一个新的制造文件",单击"确定"按钮,将软件打开。

2)按<F5>键在 XOY 平面绘制图形,使用之前所学的二维图绘制的相关知识将图形绘制好,结果如图 5-77 所示。

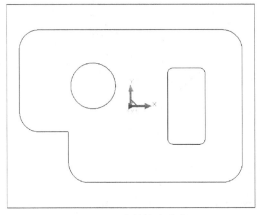

图 5-77　绘制轮廓曲线

3)在菜单栏中单击"加工"→"常用加工"→"平面区域粗加工"命令,弹出"平面区域粗加工"对话框,在"刀具参数"选项卡中单击"刀库"按钮打开刀具库,选择已设定的 D12 刀具,结果如图 5-78 所示。"切削用量"选项卡设置如图 5-79 所示。"加工参数"选项卡设置如图 5-80 所示。"清根参数"选项卡设置如图 5-81 所示。"接近返回"选项卡设置如图 5-82 所示。"下刀方式"选项卡设置如图 5-83 所示。

4)将"平面区域粗加工"对话框中的参数设置好后,单击"确定"按钮,按提示拾取内轮廓下边直线段作为"轮廓曲线"起点,拾取整圆曲线和矩形曲线作为"岛屿曲线",右击后系统开始计算并得到粗加工轨迹,如图 5-84 所示。

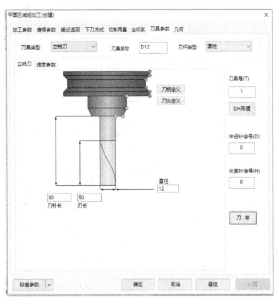

图 5-78　"刀具参数"选项卡设置

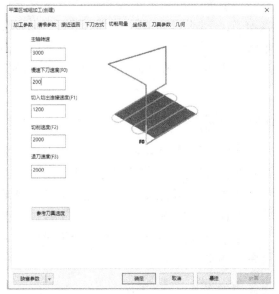

图 5-79　"切削用量"选项卡设置

图 5-80 "加工参数"选项卡设置

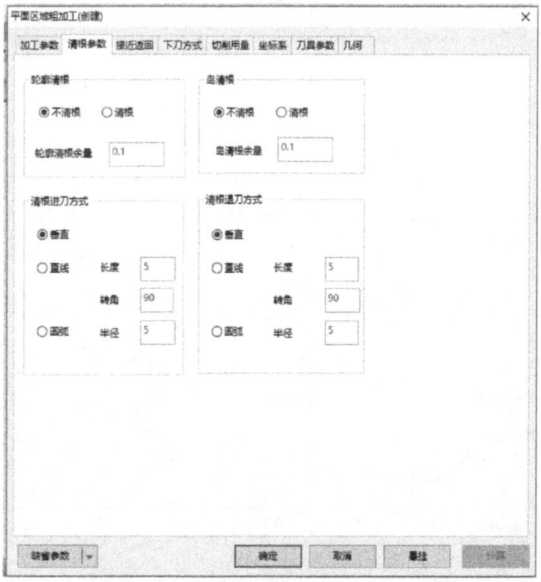

图 5-81 "清根参数"选项卡设置

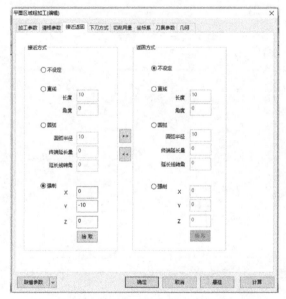

图 5-82 "接近返回"选项卡设置

图 5-83 "下刀方式"选项卡设置

5）右击轨迹管理栏中的"刀具轨迹"，选择"全部隐藏"命令，以便观察下一步加工轨迹。

6）在菜单栏中单击"加工"→"常用加工"→"平面轮廓精加工"命令，弹出"平面轮廓精加工"对话框，"加工参数"选项卡设置如图 5-85 所示。"接近返回"选项卡设置如图 5-86 所示。"切削用量"选项卡设置如图 5-87 所示。"刀具参数"中的刀具从刀库中添加 φ8 的刀具名称设置为 D8。在实际加工中，粗加工后应进行测量再设置精加工命令中的相关参数。

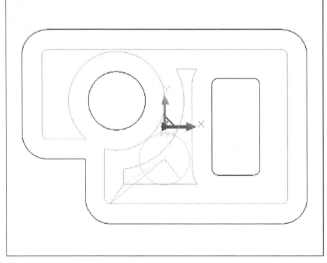

图 5-84　生成的粗加工轨迹

图 5-85　"加工参数"选项卡设置

图 5-86　"接近返回"选项卡设置

7）将"平面轮廓精加工"中的参数设置好后，单击"确定"按钮，按提示拾取内轮廓曲线时选取逆时针方向，拾取整圆曲线和矩形曲线时选取顺时针方向，右击两次默认进刀点和退刀点，系统开始计算并得到精加工轨迹，如图 5-88 所示。

8）将已生成的精加工轨迹隐藏，根据图样尺寸要求，需要将圆台的高度去掉 2mm。继续使用"平面轮廓精加工"命令，在"加工参数"选项卡中设置"底层高度"为"-2"，在"刀次"栏中输入"2"，在"偏移类型"栏选择"ON"，"行距"设为"5"，设置结果如图 5-89 所示。

9）单击"确定"按钮，按提示逆时针方向拾取整圆曲线作为轮廓曲线，进刀点和退刀点选择在坐标中心，系统开始计算并得到精加工轨迹，此加工轨迹如图 5-90 所示。

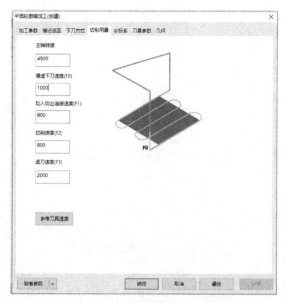

图 5-87 "切削用量"选项卡设置

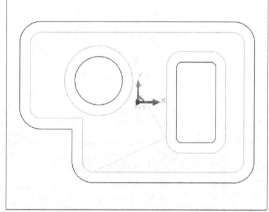

图 5-88 生成精加工轨迹

图 5-89 "加工参数"选项卡

10）右击轨迹树中的"刀具轨迹"，单击"全部显示"命令，显示所有已生成的加工轨迹，如图 5-91 所示。

11）双击轨迹管理栏中的毛坯，弹出"毛坯定义"对话框，选择"拾取两角点"方式，单击拾取图中 100×80 矩形框的两对角点，分别在"基准点""长宽高"栏中输入相关参数，如图 5-92 所示，然后单击"确定"按钮生成毛坯，如图 5-93 所示。

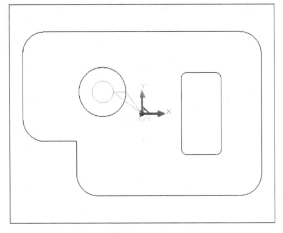

图 5-90　生成精加工轨迹

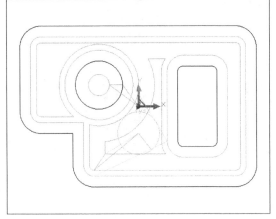

图 5-91　生成的粗精加工轨迹

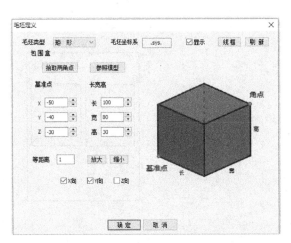

图 5-92　"毛坯定义"对话框

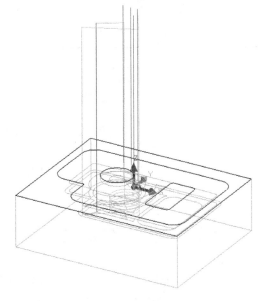

图 5-93　生成毛坯

12）单击轨迹树中的"刀具轨迹"，选中生成的全部加工轨迹，再右击"刀具轨迹"，选择"实体仿真"，系统进入加工仿真界面，如图 5-94 所示。

13）单击"运行" ▷ 按钮，系统进入仿真状态，加工结果如图 5-95 所示。仿真检验无误后退出仿真程序，回到 CAXA 制造工程师的主界面，在菜单栏中单击"文件"→"保存"命令，保存粗加工和精加工轨迹。

14）在菜单栏中单击"加工"→"后置处理"→"后置设置"命令，弹出"选择后置配置文件"对话框，如图 5-96 所示；选择当前机床类型为"fanuc"，单击"编辑"按钮，打开"CAXA 后置配置"对话框，如图 5-97 所示，根据当前的机床设置参数，然后另存。

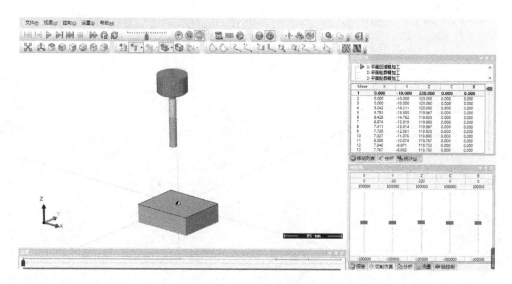

图5-94 仿真加工界面

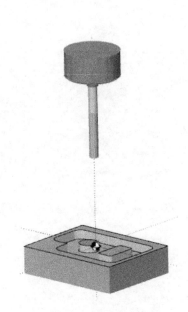

图5-95 仿真加工结果

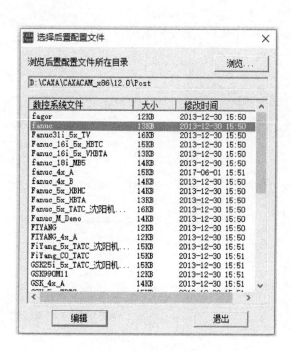

图5-96 "选择后置配置文件"对话框

15）在菜单栏中单击"加工"→"后置处理"→"生成G代码"命令，弹出"生成后置代码"对话框，如图5-98所示；单击"代码文件"按钮后弹出"另存为"对话框，如图5-99所示，填写加工代码文件名"502"，然后单击"保存"按钮。

16）单击轨迹树中的"刀具轨迹"，选中生成的全部加工轨迹，再右击"刀具轨迹"，选择"工艺清单"对话框，如图5-100所示。然后单击"确定"按钮，即可生成工艺清单。

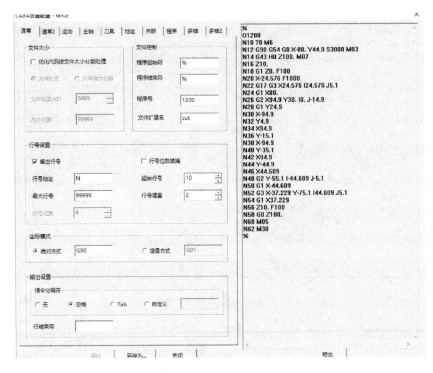

图 5-97　机床参数设置

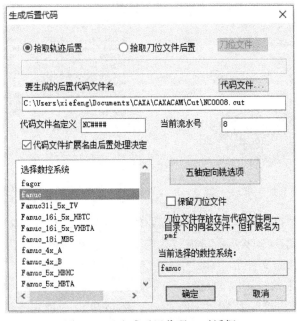

图 5-98　"生成后置代码"对话框

图 5-99 "另存为"对话框

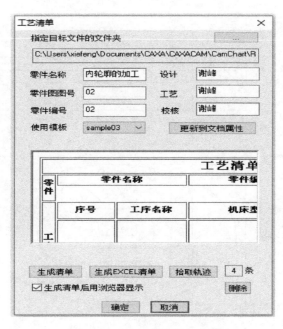

图 5-100 "工艺清单"对话框

【拓展训练】

完成图 5-101~图 5-104 所示零件的自动编程与仿真加工。

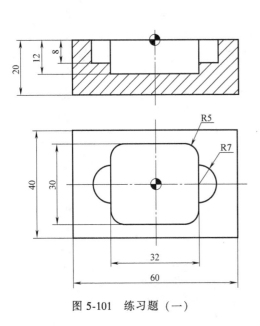

图 5-101　练习题（一）

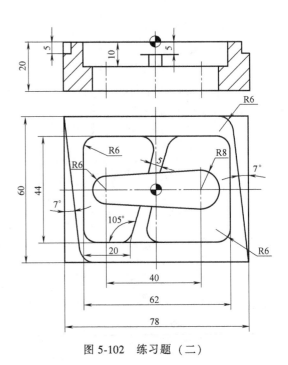

图 5-102　练习题（二）

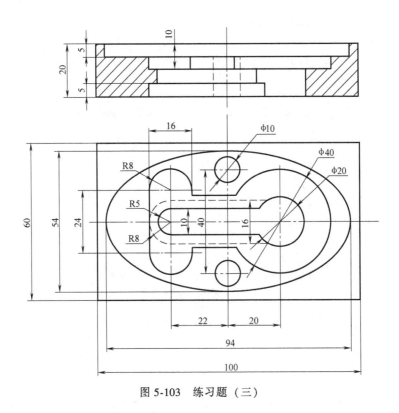

图 5-103　练习题（三）

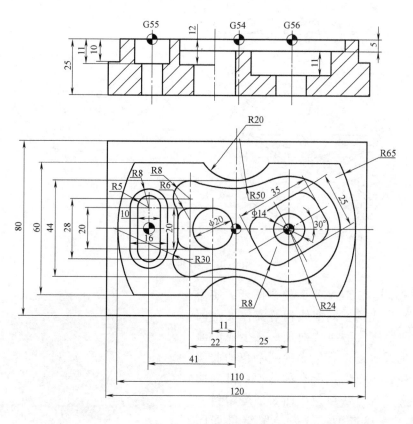

图 5-104　练习题（四）

任务 5.7　曲面的加工

【任务描述】

完成图 5-105 所示五角星曲面的自动编程与仿真加工，完成该任务需要运用之前所学知识完成五角星的实体造型，重点掌握在加工中使用的加工命令的相关知识及参数设置方法。

【任务分析】

由图 5-105 所示可知，该零件图中五角星由多个曲面组成，在加工前需要将五角星生成实体，使用"等高线粗加工""扫描线精加工"命令分别对五角星曲面部分进行粗、精加工。

【任务实施】

1）启动 CAXA 制造工程师软件，选择"创建一个新的制造文件"，单击"确定"按钮，将软件打开。

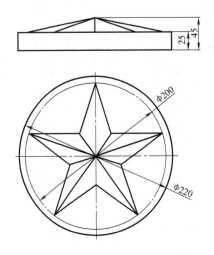

图 5-105　五角星

2）按<F5>键在 XOY 平面绘制图形，使用之前所学的知识先用空间曲线构造实体的空间线架，然后利用直纹面生成曲面。在生成曲面时可以逐个生成也可以将生成的一个角的曲面进行圆形阵列，从而生成所有的曲面；最后使用曲面裁剪实体的方法或使用曲面加厚增料方法生成实体，完成造型，最终绘图结果如图5-106所示。

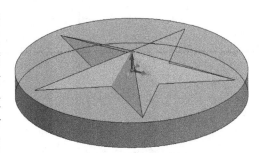

图 5-106　五角星实体图

3）在轨迹管理栏中双击"刀具库"，弹出"刀具库"对话框，如图 5-107 所示。

类型	名称	刀号	直径	刃长	全长	刀杆类型	刀杆直径	半径补偿号	长度补偿号
立铣刀	EdML_0	0	10.000	50.000	80.000	圆柱	10.000	0	0
立铣刀	EdML_0	1	10.000	50.000	100.000	圆柱＋圆锥	10.000	1	1
圆角铣	BulML_0	2	10.000	50.000	80.000	圆柱	10.000	2	2
圆角铣	BulML_0	3	10.000	50.000	100.000	圆柱＋圆锥	10.000	3	3
球头铣	SphML_0	4	10.000	50.000	80.000	圆柱	10.000	4	4
球头铣	SphML_0	5	12.000	50.000	100.000	圆柱＋圆锥	10.000	5	5
燕尾铣	DvML_0	6	20.000	6.000	80.000	圆柱	20.000	6	6
燕尾铣	DvML_0	7	20.000	6.000	100.000	圆柱＋圆锥	10.000	7	7
球形铣	LoML_0	8	12.000	12.000	80.000	圆柱	12.000	8	8
球形铣	LoML_1	9	10.000	10.000	100.000	圆柱＋圆锥	10.000	9	9

刀具库　　　共 11 把　　　增加　清空　导入　导出

确定　取消

图 5-107　"刀具库"对话框

4）单击"增加"按钮，弹出"刀具定义"对话框，如图 5-108 所示。在对话框中输入铣刀名称"D8"，增加一个粗加工用的圆角铣刀，设定增加铣刀的参数，单击"确定"按钮将刀具增加到刀具库中；同理增加一把球头铣刀 R3，在"刀具库"对话框中输入准确的数值，其中的刃长和刀杆长与仿真有关，而与实际加工无关。在实际加工中要正确选择背吃刀量和吃刀量，以免损坏刀具。

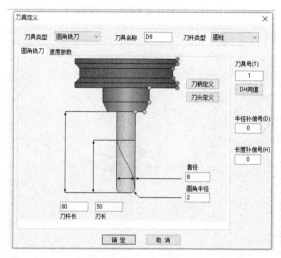 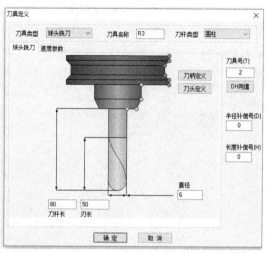

图 5-108 定义 D8 和 R3 刀具

5）在特征树的轨迹管理栏中双击"毛坯"，弹出"毛坯定义"的对话框，在"毛坯类型"中选择"柱面"，单击"拾取平面轮廓"，选择底部整圆曲线，在"长度"栏输入"45"，单击"线框"按钮，显示真实感，结果如图 5-109 所示。

6）单击"确定"按钮后生成毛坯，如图 5-110 所示。

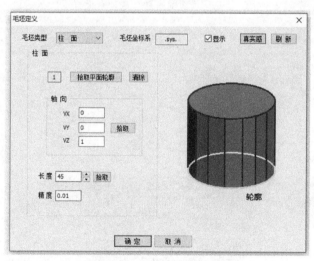

图 5-109 "毛坯定义"对话框

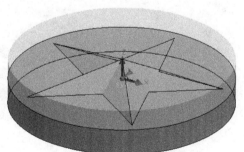

图 5-110 生成毛坯

7）右击特征树的轨迹管理栏中的"毛坯"，单击"隐藏毛坯"命令，可以将毛坯隐藏。

8）在菜单栏中单击"加工"→"常用加工"→"等高线粗加工"命令，弹出"等高线粗加工"对话框，在"刀具参数"选项卡中单击"刀库"按钮打开刀具库，选择已设定的 D8 圆角铣刀，结果如图 5-111 所示。

9）设置等高线粗加工中"切削用量"选项卡中的参数如图 5-112 所示。设置"加工参

147

数"选项卡中的参数如图 5-113 所示。单击"确定"按钮，根据提示单击拾取要加工的曲面，右击完成拾取。根据提示拾取五角星底部整圆作为加工边界并确定搜索方向，右击确认，系统开始计算并生成加工刀路轨迹，这个过程根据计算机的配置情况不同所用的时间有所不同，结果如图 5-114 所示。

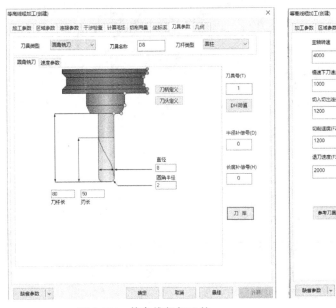

图 5-111 等高线粗加工的
"刀具参数"选项卡设置

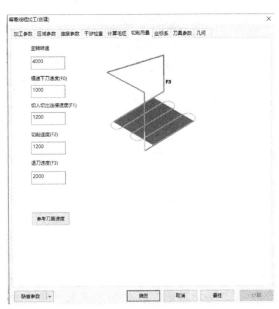

图 5-112 等高线粗加工的
"切削用量"选项卡设置

图 5-113 等高线粗加工的
"加工参数"选项卡设置

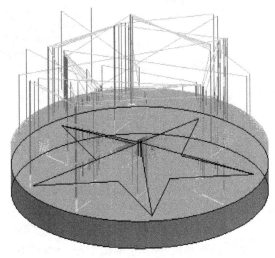

图 5-114 等高线粗加工刀路轨迹

10）在轨迹管理栏中右击"等高线粗加工"，单击"隐藏"命令，可以隐藏生成的粗加工轨迹，以便下一步操作。

11）在菜单栏中单击"加工"→"常用加工"→"扫描线精加工"命令，弹出"扫描线精加工"对话框，在"刀具参数"选项卡中单击"刀库"按钮打开刀具库，选择已设定的 R3 球头铣刀，结果如图 5-115 所示。

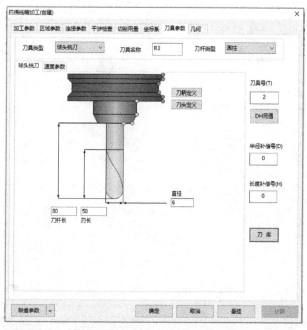

图 5-115　扫描线精加工的"刀具参数"选项卡设置

12）设置扫描线精加工的"切削用量"选项卡参数如图 5-116 所示。设置"加工参数"选项卡参数如图 5-117 所示。

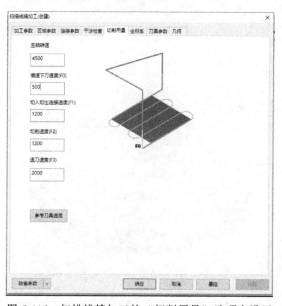

图 5-116　扫描线精加工的"切削用量"选项卡设置　　图 5-117　扫描线精加工的"加工参数"选项卡设置

13）在"连接参数"选项卡"行间连接"选项卡大行间连接方式中选择"直接连接"，如图 5-118 所示。单击"确定"按钮，根据提示单击拾取五角星曲面后右击确认，系统开始计算并生成刀路轨迹，结果如图 5-119 所示。

图 5-118　扫描线精加工的"连接参数"选项卡设置

14）右击轨迹树中的"刀具轨迹"，选择"全部显示"，显示所有已生成的加工轨迹，如图 5-120 所示。

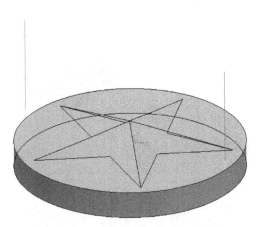

图 5-119　生成扫描线精加工刀路轨迹

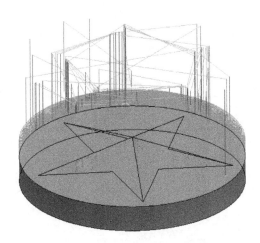

图 5-120　显示所有加工轨迹

15）右击轨迹树中的"刀具轨迹"，选中生成的全部加工轨迹，再右击"刀具轨迹"，选择"实体仿真",系统进入加工仿真界面,如图 5-121 所示。

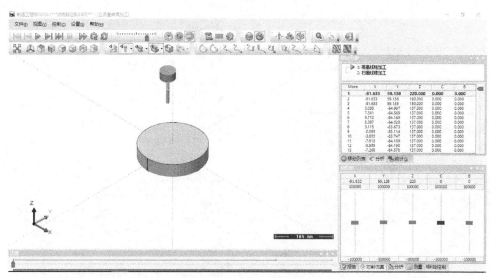

图 5-121　仿真加工界面

16)单击"运行" ▶ 按钮,系统进入仿真加工状态,加工结果如图 5-122 所示。仿真检验后退出仿真程序,回到 CAXA 制造工程师的主界面,在菜单栏中单击"文件"→"保存"命令,保存粗加工和精加工轨迹。

17)在菜单栏中单击"加工"→"后置处理"→"后置设置"命令,弹出"选择后置配置文件"对话框,如图 5-123 所示;选择当前机床类型为"fanuc",单击"编辑"按钮,打开"CAXA 后置配置"对话框,如图 5-124 所示,根据当前的机床设置参数,然后另存。

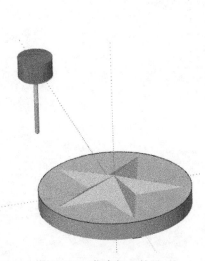

图 5-122　仿真加工结果

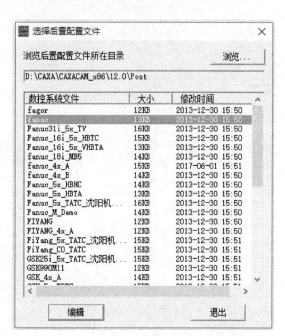

图 5-123　"选择后置配置文件"对话框

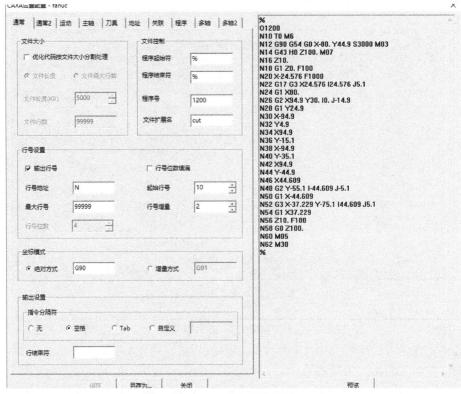

图 5-124　机床参数设置

18）在菜单栏中单击"加工"→"后置处理"→"生成 G 代码"命令，弹出"生成后置代码"对话框，如图 5-125 所示；单击"代码文件"按钮弹出"另存为"对话框，如图 5-126 所示，填写加工代码文件名"503"，单击"保存"按钮。

图 5-125　"生成后置代码"对话框

图 5-126　"另存为"对话框

19）单击轨迹树中的"刀具轨迹"，选中生成的全部加工轨迹，再右击"刀具轨迹"，选择"工艺清单"对话框，如图 5-127 所示，然后单击"确定"按钮，即可生成工艺清单。

图 5-127　"工艺清单"对话框

【拓展训练】

完成图 5-128 所示零件中曲面部分的自动编程与仿真加工。

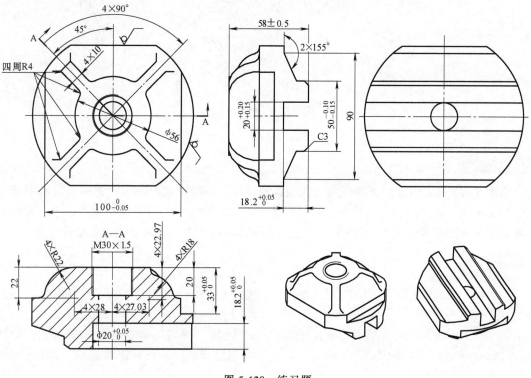

图 5-128　练习题

任务 5.8　螺旋槽的四轴加工

【任务描述】

完成图 5-129 所示零件图中螺旋槽、直槽四轴要素的自动编程与仿真加工，完成该任务需要运用之前所学知识绘制螺旋线，重点掌握在加工中使用的加工命令的相关知识及参数设置方法。

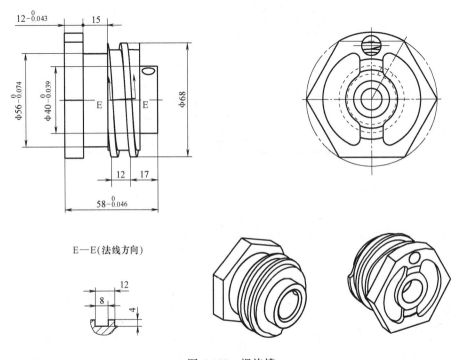

图 5-129　螺旋槽

【任务分析】

由图 5-129 所示可知，该零件图为柱面螺旋槽图，零件左端六边形轮廓和零件右端圆台已经加工完成，螺旋槽和直槽的加工不需创建草图和绘制实体，只需在圆柱面上将螺旋槽中心线和直槽的基准线绘制好，使用"四轴柱面曲线加工"命令对螺旋槽和直槽进行加工。

【任务实施】

1）启动 CAXA 制造工程师软件，选择"创建一个新的制造文件"，单击"确定"按钮，将软件打开。

2）按<F9>键，将绘图平面切换到 YOZ 平面，使用"整圆"命令绘制 φ68 的圆，如图 5-130 所示；使用"扫描面"命令沿 X 轴的正方向创建扫描面，扫描距离输入"58"，最终结果如图 5-131 所示。

图 5-130 绘制整圆

图 5-131 绘制扫描面

3）由图 5-129 所示零件图的尺寸标注可知，螺旋槽的螺距为 12，角度变化为 720°即两个周期，槽深为 4，使用"公式曲线"命令，设置参数如图 5-132 所示，生成的三维螺旋线如图 5-133 所示。

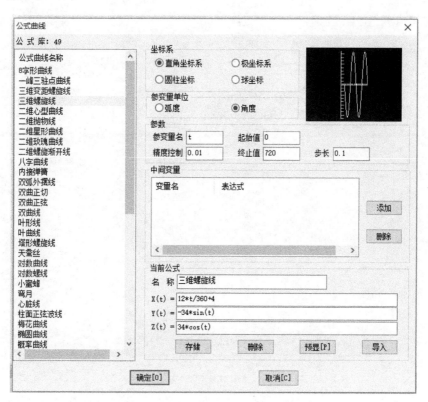

图 5-132 "公式曲线参数"设置

4）使用"整圆命令"在 YOZ 平面内绘制直槽的两条边界整圆曲线，绘制结果如图 5-134 所示。

5）在菜单栏中单击"加工"→"多轴加工"→"四轴柱面曲线加工"命令，弹出"四轴柱面曲线加工"对话框，"刀具参数"选项卡设置结果如图 5-135 所示。"切削用量"选项卡设置如图 5-136 所示。"四轴柱面曲线加工"选项卡设置如图 5-137 所示。

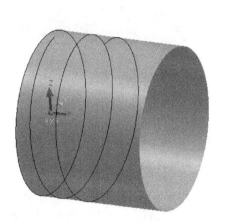

图 5-133　生成的三维螺旋线

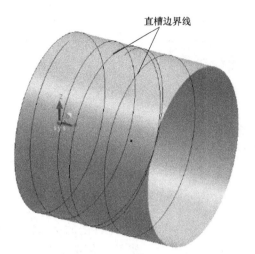

图 5-134　绘制的整圆

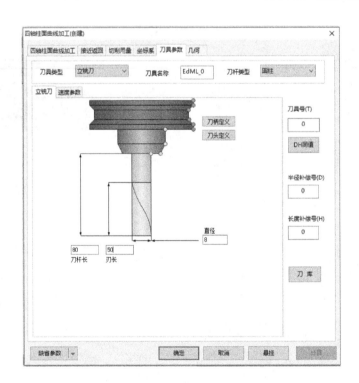

图 5-135　"刀具参数"选项卡设置

6）将"四轴柱面曲线加工"对话框中的参数设置好后，单击"确定"按钮，按提示拾取螺旋线作为"轮廓曲线"，单击顺时针方向箭头作为"链搜索方向"，"加工侧边"单击向上或向外指向的箭头方向并生成加工轨迹，结果如图 5-138 所示。

7）为了方便观察下一个加工轨迹，将已生成螺旋槽的加工轨迹进行隐藏。

8）分别继续使用"四轴柱面曲线加工"命令，"刀具参数"选项卡和"切削用量"选项卡的设置与加工螺旋槽的设置相同。"四轴柱面曲线加工"参数选项卡设置如图 5-139 所

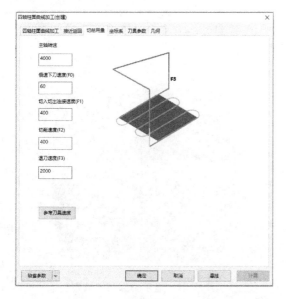

图 5-136　"切削用量"选项卡设置

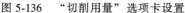

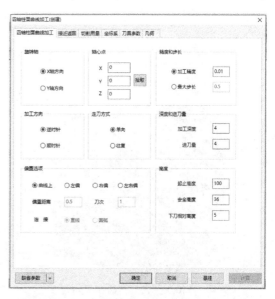

图 5-137　"四轴柱面曲线加工"选项卡设置

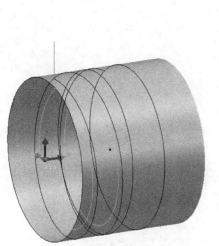

图 5-138　生成螺旋槽的加工轨迹

图 5-139　"四轴柱面曲线加工"参数选项卡设置

示，设置完成后分别按提示拾取直槽的两条边界线作为"轮廓曲线"，并确定链搜索方向和加工侧边，然后生成加工轨迹，最终结果如图 5-140 所示。

9）右击轨迹树中的"刀具轨迹"，选择"全部显示"命令，显示所有已生成的加工轨迹，如图 5-141 所示。

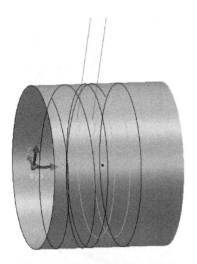

图 5-140　生成直槽的加工轨迹

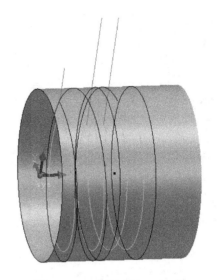

图 5-141　显示全部加工轨迹

　　10）在特征树的轨迹管理栏中双击"毛坯"，弹出"毛坯定义"的对话框，在"类型"中选择"柱面"，单击"拾取平面轮廓"，选择整圆曲线，在"轴向"中 VX 输入"1"，在 VZ 栏中输入"0"，在"高度"栏中输入"58"，单击"线框"按钮，显示真实感，结果如图 5-142 所示。

　　11）单击"确定"按钮后生成毛坯，如图 5-143 所示。

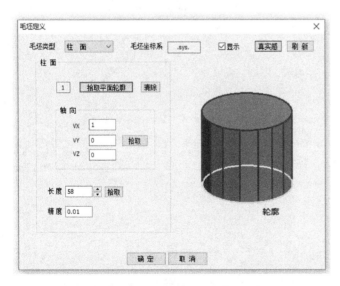

图 5-142　"毛坯定义"对话框

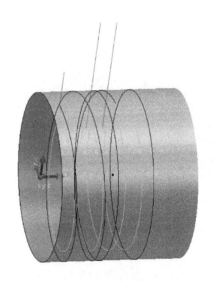

图 5-143　生成毛坯

　　12）右击特征树轨迹栏中的"毛坯"，单击"隐藏毛坯"命令，可以将毛坯隐藏。

　　13）右击轨迹树中的"刀具轨迹"，选中生成的全部加工轨迹，再右击"刀具轨迹"，选择"实体仿真"，系统进入加工仿真界面，如图 5-144 所示。

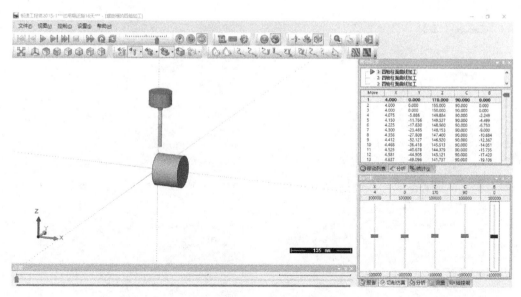

图 5-144　仿真加工界面

14）单击"运行" 按钮，系统进入仿真加工状态，加工结果如图 5-145 所示。仿真检验后退出仿真程序，回到 CAXA 制造工程师的主界面，在菜单栏中单击"文件"→"保存"命令，保存加工轨迹。

15）在菜单栏中单击"加工"→"后置处理"→"后置设置"命令，弹出"选择后置配置文件"对话框，如图 5-146 所示；选择当前机床类型为"fanuc_ 4x_ A"，单击"编辑"按钮，打开"CAXA 后置配置"对话框，如图 5-147 所示，根据当前的机床设置参数，然后另存。

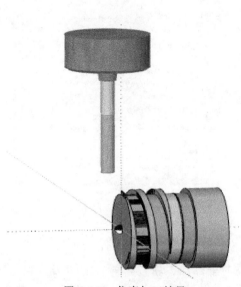

图 5-145　仿真加工结果

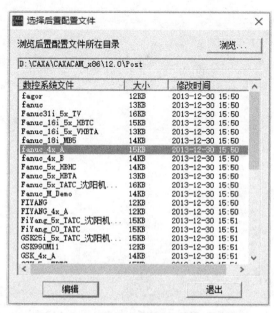

图 5-146　"选择后置配置文件"对话框

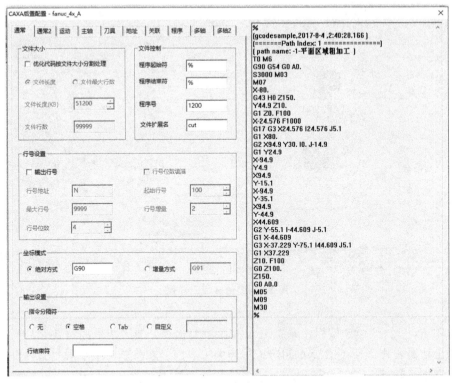

图 5-147　机床参数设置

16）在菜单栏中单击"加工"→"后置处理"→"生成 G 代码"命令，弹出"生成后置代码"对话框，如图 5-148 所示；单击"代码文件"按钮弹出"另存为"对话框，如图 5-149 所示，填写加工代码文件名"504"，单击"保存"按钮。

图 5-148　"生成后置代码"对话框

图 5-149　"另存为"对话框

17）单击轨迹树中的"刀具轨迹"，选中生成的全部加工轨迹，再右击"刀具轨迹"，选择"工艺清单"对话框，如图 5-150 所示，然后单击"确定"按钮，即可生成工艺清单。

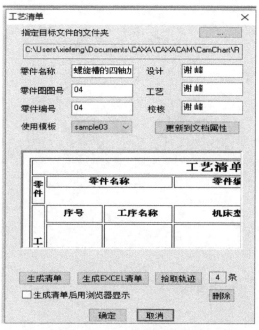

图 5-150　"工艺清单"对话框

【拓展训练】

完成图 5-151 所示图形的自动编程与仿真加工。

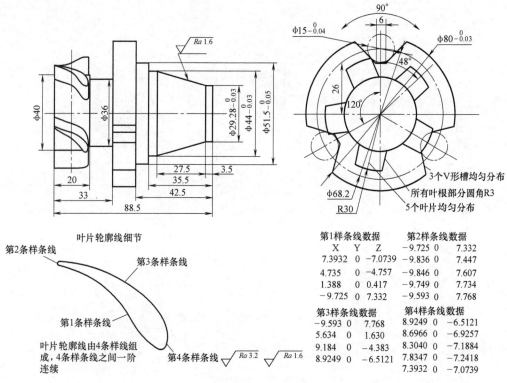

第1样条线数据			第2样条线数据		
X	Y	Z			
7.3932	0	-7.0739	-9.725	0	7.332
4.735	0	-4.757	-9.836	0	7.447
1.388	0	0.417	-9.846	0	7.607
-9.725	0	7.332	-9.749	0	7.734
			-9.593	0	7.768

第3样条线数据			第4样条线数据		
-9.593	0	7.768	8.9249	0	-6.5121
5.634	0	1.630	8.6966	0	-6.9257
9.184	0	-4.383	8.3040	0	-7.1884
8.9249	0	-6.5121	7.8347	0	-7.2418
			7.3932	0	-7.0739

图 5-151　练习题

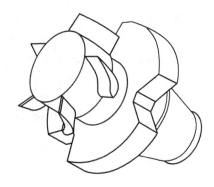

图 5-151　练习题（续）

任务5.9　螺旋叶片的四轴加工

【任务描述】

完成图 5-152 所示零件图中螺旋叶片、直槽四轴要素的自动编程与仿真加工，完成该任务需要运用之前所学知识绘制叶片螺旋线，重点掌握在加工中使用的加工命令的相关知识及参数设置方法。

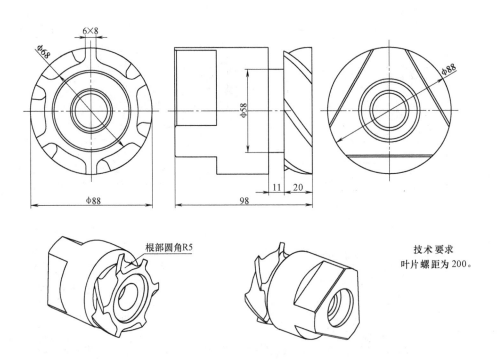

图 5-152　螺旋叶片

【任务分析】

由图 5-152 所示可知，该零件图为柱面螺旋叶片图，零件中六边形一端轮廓已经加工完成，螺旋叶片和直槽的加工不需创建草图和绘制实体，需要将螺旋叶片之间的流道曲面和直槽的基准线绘制好，使用"四轴平切面加工"和"四轴柱面曲线加工"命令对螺旋叶片和直槽进行加工。

【任务实施】

1）启动 CAXA 制造工程师软件，选择"创建一个新的制造文件"，单击"确定"按钮，将软件打开。

2）根据图样要求，螺旋叶片的螺旋直径为88，螺距为200，在 XOY 平面内展开的长度为 $2\pi R = 276.32$。首先在 XOY 平面内使用"直线"命令，选择"两点线"→"单个"→"正交"→"长度"方式，在长度栏中输入"276.32"，以坐标原点为起点沿 Y 轴负方向绘制，使用"等距线"命令，将直线段沿 X 轴正方向等距200，结果如图 5-153 所示。

3）使用"直线"命令，连接两个直线段的对角点就是螺旋线在水平面的展开图，结果如图 5-154 所示。

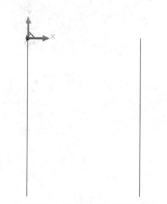

图 5-153 绘制直线和等距线

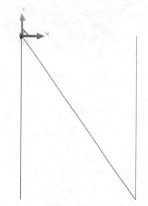

图 5-154 直线（螺旋线展开图）

4）根据图样要求，叶片的螺旋长度为20，使用"等距线"命令将第 1 条直线段沿 X 轴正方向等距20，结果如图 5-155 所示。

5）使用"曲线裁剪"和"删除"命令将多余曲线进行裁剪和删除，结果如图 5-156 所示。

6）按<F9>键，将绘图平面切换到 YOZ 平面，绘制直径88的整圆，并使用"扫描面"命令沿 X 轴正方向创建扫描面，在扫描距离栏输入"98"，结果如图 5-157 所示。

7）使用"直线"命令，以坐标原点为起点，沿 Z 轴正方向绘制长 44 的正交直线段，结果如图 5-158 所示。

8）使用"线面映射"命令，线面映射对话框如图 5-159 所示，分别单击"几何"中的操作步骤，根据提示分别抬取相关要素，"映射关系"选择"UV<--（-Y-X）"方式并进行预显，预显结果正确后单击"确定"按钮，最终将 XOY 平面内的直线段投影到圆柱面上，结果如图 5-160 所示。

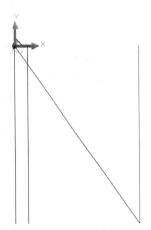

图 5-155　绘制等距线

图 5-156　删除和裁剪曲线

图 5-157　绘制扫描面

图 5-158　绘制直线段

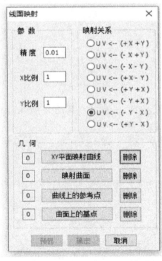

图 5-159　"线面映射"对话框

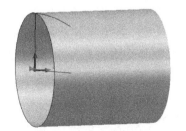

图 5-160　绘制螺旋线

9）在 YOZ 平面内绘制叶片间流道的截面曲线，并使用"曲线组合"命令将截面曲线进行组合，结果如图 5-161 所示。

10）使用"平面旋转"命令，选择"动态旋转"→"拷贝"方式，以坐标原点为旋转中心，分别将螺旋线旋转到流道截面曲线的两个端点上，结果如图 5-162 所示。

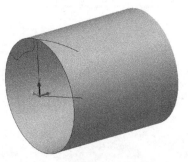

图 5-161　绘制流道截面曲线

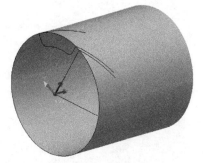

图 5-162　旋转曲线

11）先将圆柱面隐藏，使用"导动面"命令，选择"双导动线"→"单截面线"→"等高"方式，按提示拾取两条螺旋线作为导动线并确定方向，拾取流道截面曲线作为截面曲线生成曲面，右击完成操作。为保证加工时流道曲面上余量全部去除，使用"曲面延伸"命令，将曲面前端和后端部分延伸 5mm，最终结果如图 5-163 所示。

12）使用"平移"命令，选择"偏移量"→"拷贝"方式，在 DX 栏输入 20，将直径 88 的整圆沿 X 轴方向平移 20，作为加工直槽的基准线，结果如图 5-164 所示。

图 5-163　生成导动面

图 5-164　平移整圆

13）在菜单栏中单击"加工"→"多轴加工"→"四轴平切面加工"命令，弹出"四轴平切面加工"对话框，"刀具参数"选项卡设置如图 5-165 所示。"切削用量"选项卡设置如图 5-166 所示。"四轴平切面加工"选项卡设置如图 5-167 所示。

14）将"四轴平切面加工"对话框中的参数设置好后，单击"确定"按钮，按提示拾取已绘制曲面，右击确认；单击曲面切换曲面的加工方向，使箭头方向向外，右击确认；拾取进刀点并正确选择加工侧边，右击确认生成加工轨迹，结果如图 5-168所示。

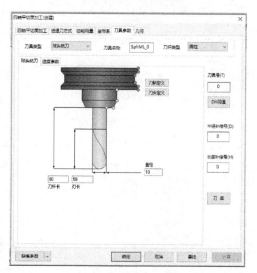

图 5-165　"刀具参数"选项卡设置

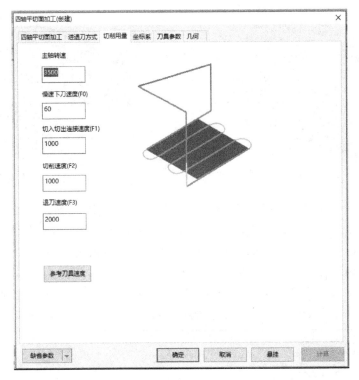

图 5-166　"切削用量"选项卡设置

图 5-167　"四轴平切面加工"选项卡设置

15）使用"阵列"命令，选择"圆形"→"均布"方式，在份数栏输入"6"，在 YOZ
平面上将生成的加工轨迹阵列六份，结果如图 5-169 所示。

图 5-168　生成流道曲面加工轨迹

图 5-169　阵列加工轨迹

16）将已生成的加工轨迹进行隐藏，使用"四轴柱面曲线加工"命令加工直槽，"四轴
柱面曲线加工"选项卡设置如图 5-170 所示。为保证选择 10 的刀具加工成 11 的槽宽，分别
将参数中的刀具偏置距离设置为 5 和 6，并生成加工轨迹，结果如图 5-171 所示。

图 5-170　"四轴柱面曲线加工"选项卡设置

17）右击轨迹树中的"刀具轨迹"，选择"全部显示"命令，显示所有已生成的加工轨迹，如图5-172所示。

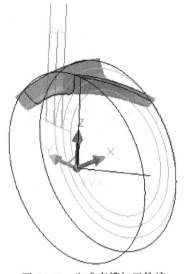

图5-171　生成直槽加工轨迹

图5-172　显示全部加工轨迹

18）在特征树的轨迹管理栏中双击"毛坯"，弹出"毛坯定义"的对话框，在"类型"栏中选择"柱面"，单击"拾取平面轮廓"，选择整圆曲线，在"轴向"VX中输入"1"，在VZ栏中输入"0"，在"高度"栏中输入"98"，单击"线框"按钮，显示真实感，结果如图5-173所示。

19）单击"确定"按钮后生成毛坯，如图5-174所示。

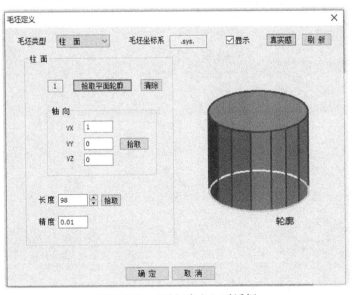

图5-173　"毛坯定义"对话框

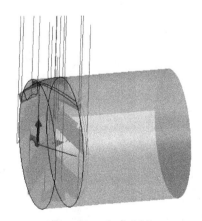

图5-174　生成毛坯

20）右击特征树轨迹管理栏中的"毛坯"，选择"隐藏毛坯"命令，可以将毛坯隐藏。

21）右击轨迹树中的"刀具轨迹"，选中生成的全部加工轨迹，再右击"刀具轨迹"，选择"实体仿真",系统进入加工仿真界面,如图 5-175 所示。

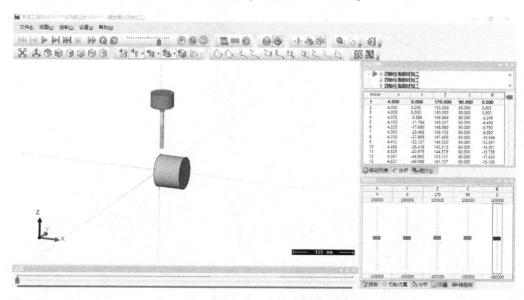

图 5-175 仿真加工界面

22)单击"运行" ▶ 按钮,系统进入仿真加工状态,加工结果如图 5-176 所示。仿真检验后退出仿真程序,回到 CAXA 制造工程师的主界面,在菜单栏中单击"文件"→"保存"命令,保存加工轨迹。

23)在菜单栏中单击"加工"→"后置处理"→"后置设置"命令,弹出"选择后置配置文件"对话框,如图 5-177 所示;选择当前机床类型为"fanuc_ 4x_ A",单击"编辑"按钮,打开"CAXA 后置配置"对话框,如图 5-178 所示,根据当前的机床设置参数,然后另存。

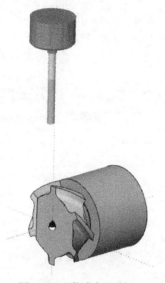

图 5-176 仿真加工结果

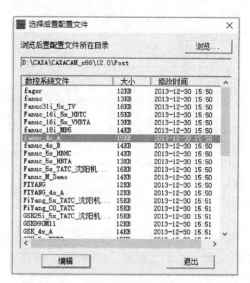

图 5-177 "选择后置配置文件"对话框

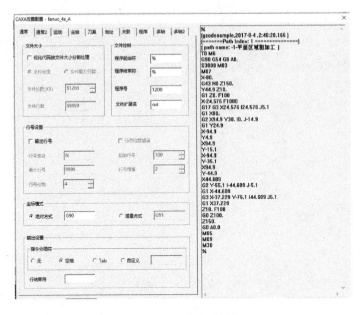

图 5-178　机床参数设置

24）在菜单栏中单击"加工"→"后置处理"→"生成 G 代码"命令，弹出"生成后置代码"对话框，如图 5-179 所示；单击"代码文件"按钮弹出"另存为"对话框，如图 5-180 所示，填写加工代码文件名"505"，单击"保存"按钮。

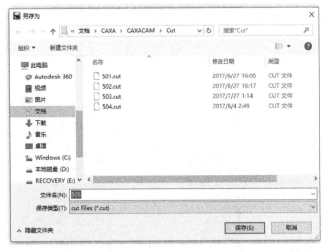

图 5-179　"生成后置代码"对话框

图 5-180　"另存为"对话框

25）单击轨迹树中的"刀具轨迹"，选中生成的全部加工轨迹，再右击"刀具轨迹"，弹出"工艺清单"对话框，如图 5-181 所示，单击"确定"按钮，即可生成工艺清单。

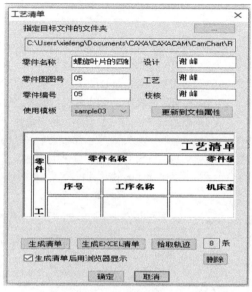

图 5-181　"工艺清单"对话框

【拓展训练】

完成图 5-182 所示叶片四轴要素的自动编程与仿真加工。

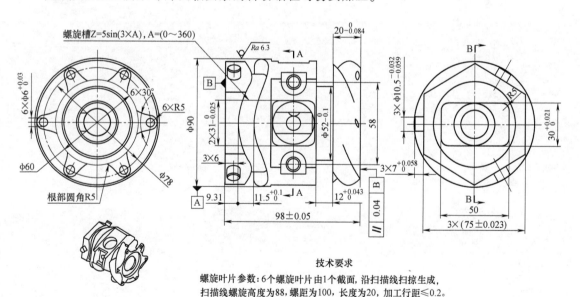

技术要求

螺旋叶片参数:6个螺旋叶片由1个截面,沿扫描线扫掠生成,
扫描线螺旋高度为88,螺距为100,长度为20,加工行距≤0.2。

图 5-182　练习题

参 考 文 献

［1］ 赵永刚．CAXA 制造工程师 2013 项目训练教程 ［M］．北京：机械工业出版社，2016.

［2］ 陈子银．CAD/CAM 技能实训图册 ［M］．北京：北京理工大学出版社，2009.

［3］ 刘玉春．CAXA 制造工程师 2013 项目案例教程 ［M］．北京：化学工业出版社，2013.

［4］ 关雄飞．CAXA 制造工程师 2013r2 实用案例教程 ［M］．北京：机械工业出版社，2014.

［5］ 刘颖．CAXA 制造工程师 2013 实训教程 ［M］．北京：清华大学出版社，2015.

［6］ 姬彦巧．CAXA 制造工程师 2011 实训教程 ［M］．北京：北京大学出版社，2012.

［7］ 刘晓芬．CAXA 制造工程师 2013 实训教程 ［M］．北京：电子工业出版社，2013.

［8］ 肖善华．CAXA 制造工程师 2011 任务驱动实训教程 ［M］．北京：清华大学出版社，2012.